U0150314

“十二五”国家重点图书出版规划项目
新型城镇规划设计指南丛书

新型城镇·街道广场

骆中钊 戴 俭 张 磊 张惠芳 ▣ 总主编
骆中钊 ▣ 主 编
廖含文 ▣ 副主编

中国林业出版社

图书在版编目（CIP）数据

新型城镇．街道广场 / 骆中钊等总主编．-- 北京：中国林业出版社，2020.8

（新型城镇规划设计指南丛书）

“十二五”国家重点图书出版规划项目

ISBN 978-7-5038-8375-0

Ⅰ．①新… Ⅱ．①骆… Ⅲ．①城镇－城市道路－城市规划②城镇－广场－城市规划 Ⅳ．① TU984

中国版本图书馆 CIP 数据核字 (2 015) 第 321578 号

策　划：纪　亮

责任编辑：王思源　李　顺

出版：中国林业出版社（100009 北京西城区刘海胡同 7 号）

网站：http://www.forestry.gov.cn/lycb.html

印刷：河北京平诚乾印刷有限公司

发行：中国林业出版社

电话：（010）8314 3573

版次：2020 年 8 月第 1 版

印次：2020 年 8 月第 1 次

开本：1/16

印张：10.25

字数：300 千字

定价：136.00 元

编委会

编者名单

1《新型城镇·建设规划》
总主编 骆中钊 戴 俭 张 磊 张惠芳
主 编 刘 蔚
副主编 张 建 张光辉

2《新型城镇·住宅设计》
总主编 骆中钊 戴 俭 张 磊 张惠芳
主 编 孙志坚
副主编 陈黎阳

3《新型城镇·住区规划》
总主编 骆中钊 戴 俭 张 磊 张惠芳
主 编 张 磊
副主编 王笑梦 霍 达

4《新型城镇·街道广场》
总主编 骆中钊 戴 俭 张 磊 张惠芳
主 编 骆中钊
副主编 廖含文

5《新型城镇·乡村公园》
总主编 骆中钊 戴 俭 张 磊 张惠芳
主 编 张惠芳 杨 玲
副主编 夏晶晶 徐伟涛

6《新型城镇·特色风貌》
总主编 骆中钊 戴 俭 张 磊 张惠芳
主 编 骆中钊
副主编 王 倩

7《新型城镇·园林景观》
总主编 骆中钊 戴 俭 张 磊 张惠芳
主 编 张宇静
副主编 齐 羚 徐伟涛

8《新型城镇·生态建设》
总主编 骆中钊 戴 俭 张 磊 张惠芳
主 编 李 燃 刘少冲
副主编 闫 佩 彭建东

9《新型城镇·节能环保》
总主编 骆中钊 戴 俭 张 磊 张惠芳
主 编 宋效巍
副主编 李 燃 刘少冲

10《新型城镇·安全防灾》
总主编 骆中钊 戴 俭 张 磊 张惠芳
主 编 王志涛
副主编 王 飞

总前言

习近平总书记在党的十九大报告中指出，要“推动新型工业化、信息化、城镇化、农业现代化同步发展”。走“四化”同步发展道路，是全面建设中国特色社会主义现代化国家、实现中华民族伟大复兴的必然要求。推动“四化”同步发展，必须牢牢把握新时代新型工业化、信息化、城镇化、农业现代化的新特征，找准“四化”同步发展的着力点。

城镇化对任何国家来说，都是实现现代化进程中不可跨越的环节，没有城镇化就不可能有现代化。城镇化水平是一个国家或地区经济发展的重要标志，也是衡量一个国家或地区社会组织强度和管理水平的标志，城镇化综合体现一国或地区的发展水平。

从20世纪80年代费孝通提出“小城镇大问题”到国家层面的“小城镇大战略”，尤其是改革开放以来，以专业镇、重点镇、中心镇等为主要表现形式的特色镇，其发展壮大、联城进村，越来越成为做强镇域经济，壮大县区域经济，建设社会主义新农村，推动工业化、信息化、城镇化、农业现代化同步发展的重要力量。特色镇是大中小城市和小城镇协调发展的重要核心，对联城进村起着重要作用，是城市发展的重要递度增长空间，是小城镇发展最显活力与竞争力的表现形态，是“万镇千城”为主要内容的新型城镇化发展的关键节点，已成为镇城经济最具代表性的核心竞争力，是我国数万个镇形成县区城经济增长的最佳平台。特色与创新是新型城镇可持续发展的核心动力。生态文明、科学发展是中国新型城镇永恒的主题。发展中国新型城镇化是坚持和发展中国特色社会主义的具体实践。建设美丽新型城镇是推进城镇化、推动城乡发展一体化的重要载体与平台，是丰富美丽中国内涵的重要内容，是实现“中国梦”的基础元素。新型城镇的建设与发展，对于积极扩大国内有效需求，大力发展服务业，开发和培育信息消费、医疗、养老、文化等新的消费热点，增强消费的拉动作用，夯实农业基础，着力保障和改善民生，深化改革开放等方面，都会产生现实的积极意义。而对新城镇的发展规律、建设路径等展开学术探讨与研究，必将对解决城镇发展的模式转变、建设新型城镇化、打造中国经济的升级版，起着实践、探索、提升、影响的重大作用。

《中共中央关于全面深化改革若干重大问题的决定》已成为中国新一轮持续发展的新形势下全面深化改革的纲领性文件。发展中国新型城镇也是全面深化改革不可缺少的内容之一。正如习近平同志所指出的“当前城镇化的重点应该放在使中小城市、小城镇得到良性的、健康的、较快的发展上”，由“小城镇 大战略”到“新型城镇化”，发展中国新型城镇是坚持和发展中国特色社会主义的具体实践，中国新型城镇的发展已成为推动中国特色的新型工业化、信息化、城镇化、农业现代化同步发展的核心力量之一。建设美丽新型城镇是推动城镇化、推动城乡一体化的重要载体与平台，是丰富美丽中国内涵的重要内容，是实现“中国梦”的基础元素。实现中国梦，需要走中国道路、弘扬中国精神、凝聚中国力量，更需要中国行动与中国实践。建设、发展中国新型城镇，就是实现中国梦最直接的中国行动与中国实践。

城镇化更加注重以人为核心。解决好人的问题是推进新型城镇化的关键。新时代的城镇化不是简单地把农村人口向城市转移，而是要坚持以人民为中心的发展思想，切实提高城镇化的质量，增强城镇对农业转移人口的吸引力和承载力。为此，需要着力实现两个方面的提升：一是提升农业转移人口的市民化水平，使农业转移人口享受平等的市民权利，能够在城镇扎根落户；二是以中心城市为核心、周边中小城市为支撑，推进大中小城市网络化建设，提高中小城市公共服务水平，增强城镇的产业发展、公共服务、吸纳就业、人口集聚功能。

为了推行城镇化建设，贯彻党中央精神，在中国林业出版社支持下，特组织专家、学者编撰了本套丛书。丛书的编撰坚持三个原则：

1. 弘扬传统文化。中华文明是世界四大文明古国中唯一没有中断而且至今依然充满着生机勃勃的人类文明，是中华民族的精神纽带和凝聚力所在。中华文化中的“天人合一”思想，是最传统的生态哲学思想。丛书各册开篇都优先介绍了我国优秀传统建筑文化中的精华，并以科学历史的态度和辩证唯物主义的观点来认识和对待，取其精华，去其糟粕，运用到城镇生态建设中。

2. 突出实用技术。城镇化涉及广大人民群众的切身利益，城镇规划和建设必须让群众得到好处，才能得以顺利实施。丛书各册注重实用技术的筛选和介绍，力争通过简单的理论介绍说明原理，通过翔实的案例和分析指导城镇的规划和建设。

3. 注重文化创意。随着城镇化建设的突飞猛进，我国不少城镇建设不约而同地大拆大建，缺乏对自然历史文化遗产的保护，形成“千城一面”的局面。但我国幅员辽阔，区域气候、地形、资源、文化乃至传统差异大，社会经济发展不平衡，城镇化建设必须因地制宜，分类实施。丛书各册注重城镇建设中的区域差异，突出因地制宜原则，充分运用当地的资源、风俗、传统文化等，给出不同的建设规划与设计实用技术。

丛书分为建设规划、住宅设计、住区规划、街道广场、乡村公园、特色风貌、园林景观、生态建设、节能环保、安全防灾这10个分册，在编撰中得到很多领导、专家、学者的关心和指导，借此特致以衷心的感谢！

丛书编委会

前　言

改革开放给中国城乡经济发展带来了蓬勃的生机，城镇和乡村的建设也随之发生了日新月异的变化。特别是在沿海较发达地区，星罗棋布的城镇生机勃勃，如雨后春笋，迅速成长。从一度封闭状态下开放的人们，无论是城市、城镇或者是乡村最敏感、最关注、最热衷、最时髦、最向往的发展形象标志就是现代化。至于什么是现代化，则盲目地追求“国际化”。很多城市从城市规划、决策到实施处处沉溺于靠“国际化”来摘除“地方落后帽子”的宏伟规划，不切实际一味地与国外城市的国际化攀比。城镇的建设即又盲目地照搬城市的发展模式，导致了在对历史文化和自然环境、生态环境严重破坏的同时，热衷于修建宽阔的大道、空旷的大广场和连片的大草坪的“政绩工程”，使得城镇应有的视觉尺度感，几乎完全丧失在对大城市的刻意模仿之中，影响了城镇空间形态的持续发展。

十八届三中全会审议通过的《中共中央关于全面深化改革若干重大问题的决定》中，明确提出完善城镇化体制机制，坚持走中国特色新型城镇化道路，推进以人为核心的城镇化。2013年12月12日至13日，中央城镇化工作会议在北京举行。在本次会议上，中央对新型城镇化工作方向和内容做了很大调整，在城镇化的核心目标、主要任务、实现路径、城镇化特色、城镇体系布局、空间规划等多个方面，都有很多新的提法。新型城镇化成为未来我国城镇化发展的主要方向和战略。

新型城镇化是指农村人口不断向城镇转移，第二、三产业不断向城镇聚集，从而使城镇数量增加，城镇规模扩大的一种历史过程，它主要表现为随着一个国家或地区社会生产力的发展、科学技术的进步以及产业结构的调整，其农村人口居住地点向城镇的迁移和农村劳动力从事职业向城镇二、三产业的转移。城镇化的过程也是各个国家在实现工业化、现代化过程中所经历社会变迁的一种反映。新型城镇化则是以城乡统筹、城乡一体、产城互动、节约集约、生态宜居、和谐发展为基本特征的城镇化，是大中小城市、小城镇、新型农村社区协调发展、互促共进的城镇化。新型城镇化的核心在于不以牺牲农业和粮食、生态和环境为代价，着眼农民，涵盖农村，实现城乡基础设施一体化和公共服务均等化，促进经济社会发展，实现共同富裕。

城镇的街道和广场是构成城镇空间的重要组成要素，也是城镇环境景观的重要组成部分，是最能体现城镇活力的城镇空间。不仅在美化城镇方面发挥着作用，更重要的是满足了现代社会中人与人之间越来越多的交流需要，满足了人们对现代城镇公共活动场所的需求，因此，便成为最能体现城镇特色风貌的空间形象。

城镇外部空间处于广阔的原野之中，具有不同于大中城市的特点，因此城镇街道和广场设计一定要体现它的特点，才能具有生命力，才能形成城镇的个性。而城镇的个性是城镇最有价值的特性。

城镇环境景观建设是营造城镇特色风貌的神气的所在，城镇的街道和广场，作为最能直接展现城镇特色风貌的具体形象，在城镇建设的规划设计中必须引起足够的重视，不但要使各项设施布局合理，为居民创造方便、合理的生产、生活条件，同时亦应使它具有优美的景观，给人们提供整洁、文明、舒适的居住环境。

本书是“新型城镇规划设计指南丛书”中的一册，试图针对城镇街道和广场设计的理念和方法进行探讨，以期能够对新型城镇化建设中的街道和广场设计能够有所帮助。书中阐述了我国传统聚落街道和广场的历史演变和作用，分析了传统聚落街道和广场的空间特点；在剖析当代城镇街道和广场的发展现状和主要问题的基础上，结合相关的当代城镇环境空间设计的相关理论，提出了现代城镇街道和广场的设计理念；分别对城镇的街道和广场设计进行了系统阐述，分析了城镇街道和广场的功能和作用，街道和广场设计的影响因素以及相应的设计要点；针对我国城镇中的历史文化街区的保护与发展作了深入的探讨，以引导传统城镇在新型城镇化建设中进行较为合理地保护与更新；同时分类对城镇街道和广场环境设施设计做了介绍。为了方便读者参考，还分别编入历史文化街区保护、城镇广场和城镇街道道路设计实例。

书中内容丰富、观念新颖，具有通俗易懂和实用性、文化性、可读性强的特点，是一本较为全面、系统地介绍新型城镇化街道和广场设计的专业性实用读物。可供从事城镇建设规划设计和管理的建筑师、规划师和管理人员工作中参考，也可供大专院校相关专业师生教学参考。还可作为对从事城镇建设的管理人员进行培训的教材。

在本书的编写中，得到很多领导、专家、学者的支持和指导；也参考了很多专家、学者编纂的专著和论文。北京市园林古建设计研究院李松梅高级园林设计师不仅提供了很多设计实例，还有很多同行也为本书的编著提供了宝贵的资料。张惠芳、骆伟、陈磊、冯惠玲、李松梅、刘蔚、刘静、张志兴、骆毅、黄山、庄耿、王倩等参加资料的整理和编撰工作，借此一并致以衷心的感谢。

限于水平，不足之处敬请批评指正。

骆中钊

于北京什刹海畔滋善轩乡魂建筑研究学社

目　录

4 城镇街道和广场的环境设施

5 历史文化街区的保护与发展

（扫描二维码获取电子书稿）

（提取码：p556）

1 城镇街道和广场的设计理念

城镇又叫市镇，广义而言包括城市和集镇。集镇是介于城市与乡村之间的、以非农业人口为主并具有一定工商业的居民点。我国的城镇，包括县级建制地区（市辖区、县级市、县城）、建制镇（乡）以及没有行政建制的集镇，其人口规模在 2000 ~ 10 万人之间，非农业人口占 50% 以上。

城镇，顾名思义是小型的集镇、小市镇。我国现在的聚落形态，包含着“城市——城镇——乡村”这样的三级体系，这一体系目前仍然是动态的，还在发生着转化。就城镇而言，存在着“县级建制地区——建制镇——集镇”这样的层级。通常看来，县级建制地区的形态更接近于城市，而集镇则更像乡村。与各个层级的聚落形态之间的转化一样，不同层级的城镇也在发生不断的变化。

我国目前处于城镇化加速发展时期，城镇化的主要目的是适当改变产业结构、适度改善生活方式，达到提高生活质量、使人民安居乐业的目的。“十三五”规划纲要提出：“到 2020 年，常住人口城镇化率达到 60%左右，户籍人口城镇化率达到 45%左右，努力实现 1 亿左右农业转移人口和其他常住人口在城镇落户”。这意味着城镇化将得到快速的发展。

我国目前的一些集镇会进一步发展为城市，一部分会保持集镇的规模，还有一部分为更明确地形成城镇，而部分乡村也会发展为城镇甚至向更大规模的集镇、城市发展。因此，清晰的定位对于一个居民点的发展是非常重要的。并不是说，所有的乡村、集镇都要向城市发展。在这一发展过程中，大城市的诸多弊病也暴露了出来。许多乡村还尚未达到城镇化，就一夜之间被推平建成了城市。人们发现，其实并非所有的乡村都必须城市化，有些只要达到城镇化就可以了，它们当中的一部分应该以发展城镇为定位。西方有些国家在城市化发展过程当中，出现了大量农村人口盲目涌进城市，造成城市外围形成大量贫民区的不良后果。我国近三十年的城镇化发展过程，也出现了这样的迹象。实践证明，这样的城市化发展道路是应当反思的，当前必须加强城镇的发展，走有中国特色的城镇化发展道路，避免重犯西方国家的错误（图 1-1）。

城镇的发展模式与城市和集镇都不完全相同。

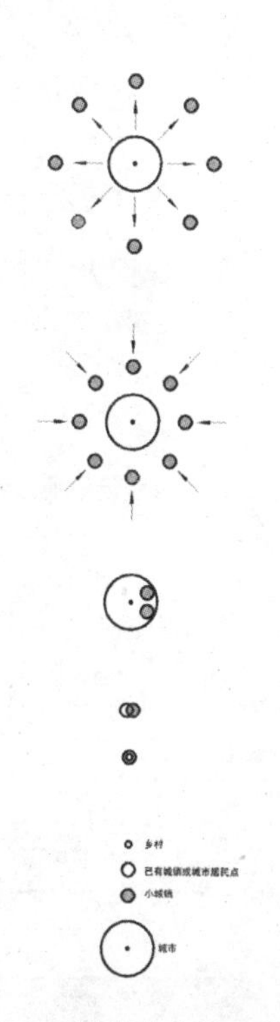

图 1–1　城镇演变的五种方式示意图。由上至下：城市分散式、向城市聚集式、城市内部分化式、集镇转化式、乡村生成式

因此城镇的建设要随着时代的发展，不断探索、不断调整、不断进步。

城镇不同于城市、集镇和乡村的特殊地位决定了它自身的形态模式。街道和广场是城镇形态模式的重要体现，是城镇物质建设基本内容的重要组成部分，必然要适应城镇的需要，达到一定的建设标准，充分地服务于城镇的需要。

1.1 我国城镇街道和广场的建设现状

1.1.1 现代交通对城镇街道和广场建设的影响

随着现代交通工具的日渐发达，街道两侧高楼林立，城市的街道越建越宽，出现了立交桥、高架路、地铁、轻轨等现代化的新型交通形式，使得街道的尺度和空间形态随之发生了巨大的变化，改变了城镇的整体街道环境。现代化的交通确实给人们带来了方便，不仅改变了人们的出行方式、生活习惯、价值观和审美观，同时也产生了很多的负面影响。

（1）现代道路交通对城镇建设的影响

从马车时代到汽车时代，城镇景观的变化令人叹为观止。在大城市中，高速路、立交桥、地铁、轻轨、宽阔的道路、大面积的停车场和各种方式的交通等新型景观在城市景观的构成中占据了越来越重要的地位。而现代交通工具对城镇空间形态的影响也是巨大的，传统村镇中以步行为主要交通形式的空间格局正在发生巨大变化（图 1-2）。

同时，人们对景观的感受也发生了变化，由于不同的交通工具带来了不同速度的运动，使人们的视点和视野都处于一种连续的流动中，相应地城镇景观也显现出一种流动的变化。而且现代交通工具运动速度的加快，缩短了人们的距离感，使相距较远的建筑物和城镇景观的印象串成一体而形成新的城镇印象。从这个意义上讲，现代道路交通为城镇景观注入了新的内容（图 1-3）。

但是，快速发展起来的现代城镇大多忽视了功能背后的景观与环境问题。因人口增加造成了纵横交错的交通干道笔直地穿越镇区，缺乏变化和可识别性，因此过去自在、安宁、美丽、富于人情味的城镇景观和街道生活已难觅踪影（图 1-4）。

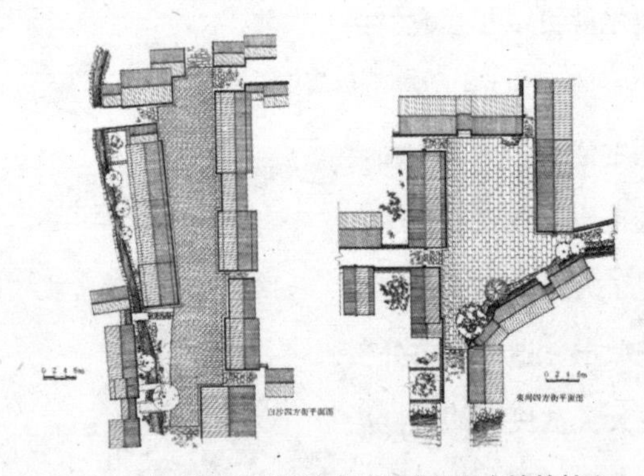

图 1-2　云南丽江大研镇中的四方街是全镇的核心

图 1-3　北京市某城镇（一）

图 1-4　北京市某城镇（二）

（2）现代交通对城镇空间尺度的影响

随着现代道路交通发展，城镇规模的扩大，需要更多的街道和广场，形成了更加多样化的结构。人们在城镇中运动的速度变快带来了人们对城镇景观要素尺度的变化。在高速运动中，视野范围中尺寸较小的物体在一闪即逝中被忽略掉，感受到的只有尺寸较大的物体的外形，或同构的一组较小体量的群体。因此，速度的增加要求城镇景观元素的尺度也相应增大（表 1-1）；同时，交通量的增加需要城镇提供更宽的道路、更大的停车场、更大的交通广场，大量的人流疏散也需要大尺度的步行广场。于是，在城镇建设中出现了以汽车尺度取代人的尺度的状况。同时，“街道”逐渐变成了公路，“广场”变成了巨大而空旷的场地。

表 1-1　驾驶员前方视野中能清晰辨认的距离

车速 / (km/h)	60	80	100	120	140
前方视野中能清晰辨认的距离 /m	370	500	660	820	1000
前方视野中能清晰辨认的物体尺寸 /cm	110	150	200	250	300

1.1.2 我国城镇街道和广场建设存在的主要问题

经过 20 世纪后 20 年的迅猛发展，从大城市到城镇，我国几乎所有城镇的面貌都发生了翻天覆地的变化，城市建设速度之快令人目不暇接。作为城镇面貌的主要体现，城镇的街道和广场更是建设中的重中之重。但是，由于各方面因素的制约，我国城镇建设的整体水平不高，一方面传统的城镇面貌逐渐丧失，另一方面又未能形成富有时代特色的新型城镇形象。主要存在以下几个问题：

（1）城镇街道和广场设计缺乏个性和可识别性

由于工业化生产方式的城镇建设，造成新的城镇景观雷同，建筑设计风格采用生硬的照抄照搬，失去了传统的特征，千街一面、万楼一貌的现象普遍存在。某些城镇不顾城镇历史背景，不顾城镇的整体风貌，一味模仿欧式建筑，使得街道失去了个性。

由于交通运输事业的发展，公用设施的敷设对道路的要求往往是取直与拓宽，从而构成的城市空间常常是畅通有余，变化不足。宽阔直通的马路，格调划一的住宅，缺乏特定的空间形象，难以启发人们的空间意象，甚至难以判定自己所处的空间位置。

（2）缺乏对人的关怀，空间尺度不适宜

一方面，道路交通环境的设计因过于考虑机动车的通行，很少考虑为居民提供交往场所。缺乏步行空间和缺乏街头广场，人们在城镇街道上找不到可以安全停留的场所，更谈不上举办丰富多彩的活动了。另一方面，城镇广场追求大尺度和气派，而不考虑通过人性化的设计让居民驻足使用，人在其中，显得十分渺小（图 1-5）。

图 1-5　大尺度的城镇广场（人在其中，显得十分渺小）

（3）街道设施不完善，景观混乱

我国许多城镇中的道路交通环境现状，仅仅考虑道路交通的基本要求——对路面的要求，而忽视街道各种设施的建设以及其他供行人使用的多种设施，从而不能满足人们的使用要求。例如，街道照明不足；步行道地面铺装材料耐久性低，施工质量差，不能满足步行者基本的行走要求；辅助设施严重短缺，即为街道上行人服务的设施，如公共厕所、街路标牌、交通图展示板、公共电话亭及必要的休息空间等严重短缺；街道绿化系统不健全，对缺损绿化修补不及时；

图 1-6　街道设施不完善

图 1-7　街道景象混乱

缺乏为残疾人、老人、推儿童车的妈妈提供方便的无障碍设计等（图 1-6）。

另外，因为缺乏妥善的管理，使得街道景观混乱。沿街建筑形式杂乱无章，没有特色；围墙多为没有修饰的实墙，墙上广告随意乱贴。街道设施缺乏系列化、标准化设计，整体性较差（图 1-7）。

1.2 传统聚落街道和广场的特色风貌

1.2.1 传统聚落街道和广场的形成与发展

（1）传统聚落的发展演变

城市、集镇、城镇和乡村都是不同形式的聚落。

聚落，是人类因居住而聚集的相对固定的场所。根据我国的考古发现，在距今六、七千年前的母系氏族社会后期，就已经有了固定的聚落。聚居的意义在于它有很强的人工建设的痕迹，不同于自然界。《汉书·沟洫志》："或久无害，稍筑室宅，遂成聚落"。当时的聚落形态比较接近现在的村寨，大致以部落祭堂或首领住所为中心，其他房舍围聚在周围。有集中的墓葬区，房舍的周围有供种植和圈养牲畜的土地。实例如陕西临潼姜寨半坡文明遗址。

姜寨半坡文明遗址分为居住区、窑场和墓地三个部分。居住区略呈圆形，布局较整齐，总面积约 2 万 m^2。中间为一块空地（可能是一块广场），所有房屋都围绕这块空地形成一个圆圈，门户也向中央开。房屋按大小可分为小型、中型、大型三种，按位置可分为地面建筑、半地穴和地穴式三种。房屋有 100 多座，分为 5 个群体，每个群体都有一个较大的房子。在这个大房子的前面也有一小块空地，相当于建筑的前院。在居住地内外有许多陶窑。墓地主要在居住地区外东南方，墓葬有 600 多座（图 1-8）。

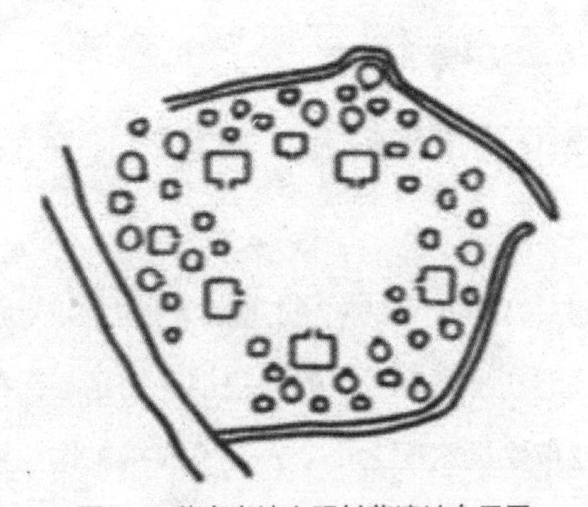

图 1-8　姜寨半坡文明村落遗址布局图

姜寨遗址出土生产工具和生活用具有 1 万多件，生产工具以磨制石器为主，还有许多骨器，生活用具主要为陶器，彩陶器中有许多件葫芦形鱼鸟纹彩陶瓶，表现了精湛的技艺。

如图可以大致看出，聚落内部的中央广场承担着整个族群的公共活动。每个建筑组团中的大房子前面的小空地可能承担着小规模集合的需要。整个广场呈星形布局。

姜寨半坡文明聚落的形式影响了我国传统乡村

聚落的发展，比如福建客家土楼就是一个自成体系的聚落。客家土楼的布局绝大多数都以厅堂为核心。楼楼有厅堂，且有主厅。以厅堂为中心组织院落，以院落为中心进行群体组合。即使是圆楼，主厅的位置亦十分突出。其中轴线鲜明，殿堂式围屋、五凤楼、府第式方楼、方形楼等尤为突出。厅堂、主楼、大门都建在中轴线上，横屋和附属建筑分布在左右两侧，整体两边对称极为严格。圆楼亦相同，大门、中心大厅、后厅都置于中轴线上。廊道贯通全楼，四通八达(图1-9)。

我国传统乡村聚落是劳动人民世世代代长期奋斗而创造的自然——社会——人相互关联的广泛而又复杂的居住单元，是在相对单纯的城乡关系下自我循环和自我发展而成的。传统聚落的特点，在现在的广大乡村中仍然有很多的体现。

乡村布局受地形、地貌、气候、水文等因素影响很大，一般的村落内向型特征较为明显，相对封闭、有一定的独立性，村落与人们赖以生息的农田（或牧场）的关联很密切，反映出聚落对生产方式的依赖。

另外，聚落结构与宗族、礼制关系也比较契合。

东晋诗人陶渊明在《桃花源记》中所描写的溪流峡谷深处的世外桃源“土地平旷，屋舍俨然，有良田美池桑竹之属。阡陌交通，鸡犬相闻。其中往来种作，男女衣著，悉如外人；黄发垂髫，并怡然自乐”，是传统聚落体现出来理想的生产生活图景（图1-10）。

传统聚落是在长期的历史演变和文化沉积的基础上逐步形成和发展的。它根植于农业文明，其聚落选址、布局、街道和广场的设计等均具有丰富的文化内涵，极富人情味和地方特色。

村落与城市不同，它很少以一个专业设计人员参与的“理想的规划”为基础，而是与地形及农耕这一特定的产业形式相关联，是由村民发挥独立与自主精神自由建设而成的，是“没有建筑师的建筑”。

传统聚落形态的演变，都有一个定居、发展、改造和定型的过程。从全国范围看，村庄的定居区分布受气候、资源和地貌等自然因素的影响很大。村庄大多分布在江河流域的平原、河谷和丘陵，其次是草原和山地。村庄的自然形态，一般沿江河的呈条形，丘陵地区的成扇形、平原呈圆形、山地呈点状布局。千百年来，村民们日出而作，日落而息，耕种着周围的土地，多以同姓、同族为村，从同一地区看，村庄多为“自由式”的布置方式，可谓“一去二三里，沿途四五家。店铺七八座，遍地是人家”。它是生产力低下的小农经济产物（图1-11～图1-12）。

聚落的最初形态多是分散的组团型住宅，这些组团型单元慢慢以河流、溪流或道路为骨架聚集，成为带形聚落，带形聚落发展到一定程度则在短向开辟新的道路，这种平行的长向道路经过巷道或街道的连接则成为井干形，或日字形道路骨架，进一步发展为网络形骨架和网络形聚落（图1-13～图1-15）。

乡村社会生活中的血缘和地缘关系使其聚落具

图1-9 福建民居土楼聚落内景

图1-10 桃花源式的村落是传统聚落的理想形态

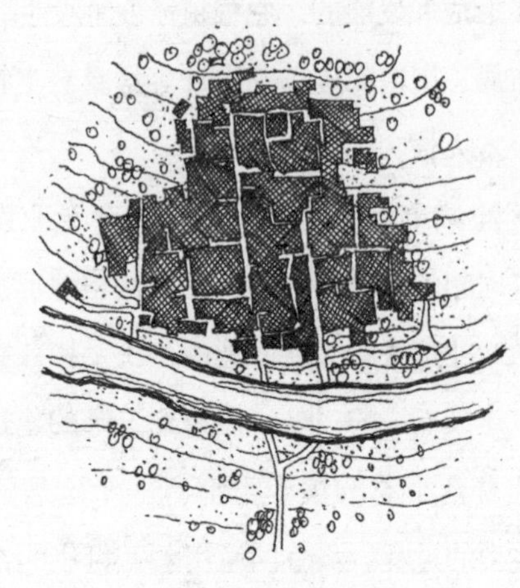

图 1-11　浙江江乘县浦口镇扈家埠村

图 1-12　广西三江大田村

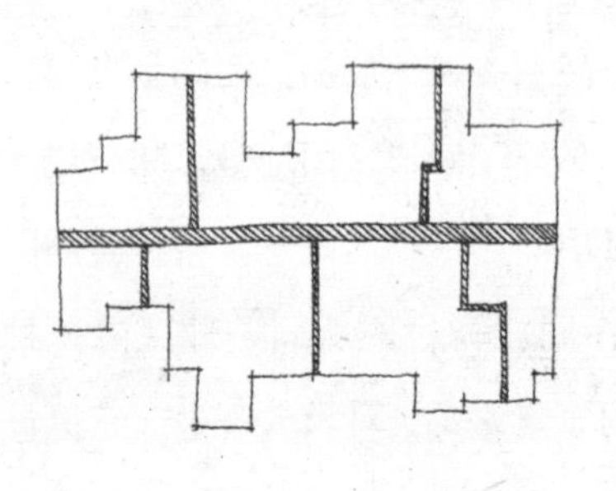

图 1-13　带形结构

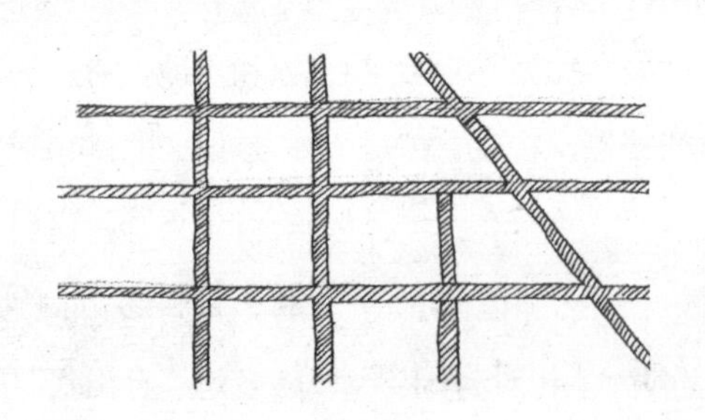

图 1-14　井干形结构

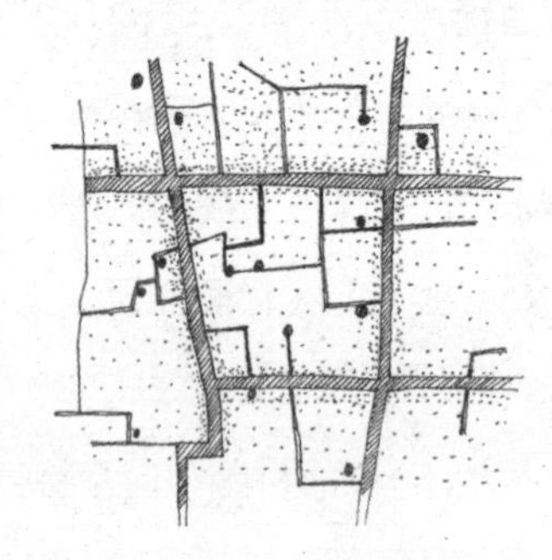

图 1-15　网络形结构

有内向型的特点，再加上住宅的型制早有先例，以及住宅组合中受到功能机制的制约，村落群体组合必然具有某种潜在的结构性和秩序感。村落的发展方向和基本秩序是通过地域原型建立的。原型的存在使得村落形态结构的发展演变在没有专业人员参与的情况下，表现出一种自在的和谐与秩序。相似的村落布局，相似的院落空间……村落住宅的建设大多是由各家各户间的相互模仿实现的。村落整体形态大多是在漫长历史时期聚落社会组织的影响下逐渐形成的。

一般而言，在中国封建社会自然经济条件下，一处村落就是一个独立的宗法共同体，是一个自治单位。尤其是许多单姓的血缘村落，宗族组织管理着一切，建立并维持着村落社会生活各方面的秩序，如村落选址、规划建设、伦理教化、社会规范以及环境保护和公共娱乐等。在这种单一的社会组织绝对控制之下，乡村文化、乡村生活与村落建筑和规划体系有着一种十分契合的对应关系，并通过村落的布局、分区、礼制及文教建筑体系、园林和公共娱乐设施等体现出来。其村落物质环境主要构成要素，如住宅、祠堂、街巷、砖塔、廊桥、池坝、园林、庙宇、书院、文昌阁的组织和安排等也表现出一种条理清晰的有序性。分布于村落之中大大小小不同层次的祠堂，表明了某个宗族从开始迁居到多个支派的发展过程和这些支派的层次系统。各支派的住宅一般聚拢在它们所属宗祠的周围，形成团块，再以这些团块为单位组成整个村落。于是，传统聚落就在漫长的历史时期逐渐形成、发展和壮大。

（2）传统聚落街道和广场的发展历程

传统聚落的街道是随着聚落的发展而逐步形成的。街道的发展与聚落的发展密切相关。

一些小的村落仅三五户或十几户人家，稀疏散落地分布于地头田边。但是随着聚落规模的逐渐扩大，住户密集程度的提高，村民之间的交通联系便成了问题。于是，村民沿着一条交通路线的两侧盖房子，自然就形成了街道。由于聚落的发展是一个缓慢的过程，因此街的形成也不是一蹴而就的，加之建造过程的自发性，自然聚落的街道并不像城市街道那样整齐，从而形成了一条狭长、封闭的带状空间。因此，处于发展过程中的街道，从空间的限定方面看，总给人以不完整的感觉，但也因此形成了很多空间变化丰富的街道（图 1-16）。

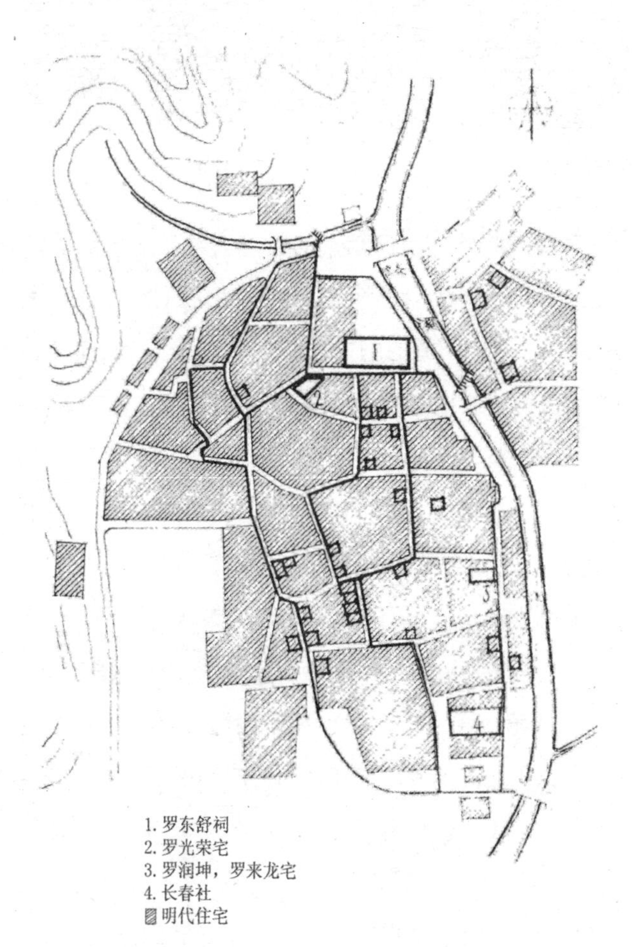

图 1-16　安徽歙县呈坎村平面图

1）街道的形成与格局

①街道的形成

街道产生于聚落的交通需求。防洪或排水通道（明渠或暗沟）一般也会与街道结合起来布置。

街道指城市、乡村中的道路，根据道路等级不同分为干路和支路。一般主干路称为“路”或“街”，分支的小路称为“巷”“胡同”等。街道的一侧或两侧有房屋、广场、绿化、小品等设施。

城市街道与乡村街道的景象有着很大的差别。城市街道往往比较宽阔和笔直，两侧的建筑物比较高大，街边的公共设施较多。乡村街道比较自由，尺度较小，两侧的建筑较为低矮，街边的公共设施较少。

从感受来说，乡村街道的尺度更易让人感到亲切，有质朴的美感。城市街道则容易产生冰冷感，使人感觉渺小。

②街道的类型

传统聚落街道一般分为居住性街道和商业性街道两类。居住性街道构成村落的大部分道路系统；而商业性街道除了一般居住性街道外的道路系统，常有一条或数条热闹的商业街，商业街上集中分布着公共设施和商铺，但这种商业性街道多在集镇或县城中出现。

a. 居住性街道

聚落中的居住性街道总有一种简朴、宁静、亲切、自然的气氛。这种气氛的形成主要与下列因素有关：

（a）街道曲直、宽窄因地制宜。无论是在地形复杂的山区，还是在平原地区的村落，一些主要街道常顺应地势做曲折变化（图 1-17），或者采取丁字交接，使街景步步展开，形成路虽通而景不透的效果，避免一眼望穿，使街道的宁静气氛大为增强。这样不仅省工又有利于排水，而且使街景自然多变。局部地段的宽窄变化则使得长街的空间景观富有变化而显得丰富生动（图 1-18）。小块墙角边地也为村民停留、交往提供了合适的空间。

（b）小巷的尽端多为“死胡同”。这类通向局部宅院的人行小巷，有的不足 2m 宽，仅能通行一般的架子车，但它具有明确的内向性和居住气氛（图 1-19）。它们与主要街道形成树枝状路网结构，避免了公共交通穿行，保持了居住地段的安宁。

（c）建筑临街面富有变化。通常三合院及四合

图 1-17　韩城党家村街巷

图 1-18　英国伦敦温莎小镇

图 1-19　北京某四合院胡同

图 1-20　北京后海四合院

院式的宅院布局，使住房有的纵墙顺街，有的山墙朝外，因而有长短、直斜、高低错落等变化，加上临街墙面的“实”与各户入口的“虚”，交替出现，多样处理，使街景既简朴又丰富（图 1-20）。

（d）尺度亲切近人。传统聚落街道宽与房高比一般多小于 1 ∶ 1。在一些小巷，房高通常比巷宽大，但由于巷道短，加上两边临巷建筑墙面的变化与院内绿化的穿插等，在观感上使人并不感到压抑（图 1-21）。山区聚落的巷道结合自然地形的高低曲折变化和山石的铺砌，使建筑、道路、山坡等浑然一体，更增添了自然情趣。

（e）绿化有疏有密。传统聚落街道没有一般城镇中整齐成排、高低划一的行道树，而是用散散点点的绿化增加了自然情趣和空间变化（图 1-22 ～图 1-24），并使街道的阳光落影变化丰富生动，使许多实墙面看起来也不显得单调。

b. 商业性街道

集镇中的商业性街道，其沿街商店、铺面多数顺街的一侧或两侧成线状布置，一侧的商业街多见于沿公路一侧或因受山川地形限制的聚落。规模大些的县城，常常形成十字交叉的商业街，有的还有一定规模的广场，成为市镇集市和人们活动集中的繁华场所。以下是传统聚落商业性街道的特点：

（a）传统的集镇商业街宽度较窄（一般为 5 ～ 7m），而且都是人车合流。在过去没有机动车辆和人流不多的情况下，矛盾还不突出。随着生产生活的发展和现代机动交通的频繁，特别是逢集、过节，交通为之拥塞。由于不可能大拆大建地进行拓宽，一般采取保持原红线宽度和两侧建筑现状，把机动交通引向外围，保持传统商业街平时以步行交通为主的方式，以保持商业街的传统风貌。

（b）商业街的店铺建筑大多为 1 ～ 2 层，虽然是连排布置的，但往往在统一中求变化。利用开间的

图 1-21　安徽宏村尺度亲切的街巷

图 1-22　瓷器口古镇街巷

图 1-23　步行商业街上的绿化

图 1-24　意大利奥维尔托古镇街巷的绿化

大小多少、建筑外立面的细部、高低变化加以区分。店铺底层一般敞开，货摊临街展示，商品、招牌、棚架五光十色，能增添繁华的气氛（图 1-25）。店铺建筑有的做成挑檐的（图 1-26），还有的利用二层挑出，这样不但可以扩大使用空间，还会起到遮阳、防雨的作用，同时丰富了街景的变化（图 1-27）。至于建筑在局部地段的错落、进退，则既有缓解人流拥塞的作用，又使纵长街道不显得单调（图 1-28）。

③街巷的格局

街道具有明确的指向性，是聚落联系外部和沟通内部的路径，其最主要的作用就是承载交通。街道的宽度与交通类型和交通量有关。交通类型，主要有

图 1-25　瓷器口古镇商业街繁华气氛

图 1−26　四川上里古镇

图 1−27　贵州青岩古镇

图 1−28　湖南靖港古镇

图 1−29　云南丽江白沙镇街道所呈现的传统聚落的尺度

人、牲畜、车辆。农耕社会中，社会生活节奏比较缓慢，一般聚落的交通压力都不大。因此我们看到的街巷尺度都比较小，属于人车混行，也不考虑分道双向行驶（图 1-29）。

a. 城镇的干道通常称为“主街”，它是城镇的核心，也是城镇通往外部的主要通路

其形态主要因城镇自身所处的环境条件而不同，主要有条形（一字形）、交叉形（如十字形、三叉形）、并列形（两路平行）、回形、格网形等。支路是干道以下的、联系城镇各个单体建筑和其他场所的道路，一些较小的末级支路被称为巷、夹道等。

b. 交叉口是人流汇集的地方，因而也是传统店铺竞相聚集之地

在发展形成过程中，这些地段在建筑的性质、布局和体形处理上，较一般街段变化要多，因此更能吸引人们的视线，成为长街中重要的点和面，使街道有段落、节奏变化。交叉口的建筑多自由错落，很少是刻板对称的布局，加上临街墙面的交接变化，显得自然生动。交叉口建筑的重点处理也增强了街段的可识别性（图 1-30）。

c. 重视街道对景的组织，也是传统聚落街道富于变化的处理手法

其主要街道常利用自然景观或建筑、塔、庙等作为端景、借景。如西安的大雁塔、钟、鼓楼等（图 1-31～图 1-33）；延安的宝塔山；榆林的星民楼、钟楼、万佛楼（图 1-34）；韩城的陵园塔；旬邑县的泰塔（图

1-35）；党家村东的文星塔（图 1-36）等，都是组织得很好的街道对景。这类对景建筑多半选址高处、显处，造型优美。这对于丰富长街的纵向空间，增强街道的公共性和易识别性，突出城镇的立体轮廓和地方特色，都有良好的效果。另外，一些丰富的建筑细部装饰和入口处理，多种多样的建筑小品，如牌楼、影壁、碑刻、牌坊、门墩石、上马石墩、拴马桩等，对丰富街景的变化，增加街段的可识别性等，都起到

图 1–30　四川仙市古镇

图 1–31　西安大雁塔

图 1–32　西安钟楼街道对景

图 1–33　西安鼓楼

图 1–34　榆林万佛楼街道对景

图 1–35　旬邑县的泰塔

图 1–36　党家村东的文星塔

很大作用。

2）广场的形成和布置

①广场的形成

由于中国传统文化中更多地体现出内敛的特点，因此在传统聚落中作为公共活动场所的广场多是自发形成的。

我国农村由于长期处于以自给自足为特点的小农经济支配之下，加之封建礼教、宗教、血缘等关系的束缚，总的来说公共性交往活动并不受到人们的重视。反映在聚落形态中，严格意义上的广场并不多。随着经济的发展，特别是手工业的兴旺，商品交换才逐渐成为人们生活中所不可缺少的要求。在这种情况下，某些富庶的地区如江南一带，便相继出现了一些以商品交换为特色的集市。这种集市开始时出现在某些大的集镇，后来才逐渐扩散到比较偏僻的农村。

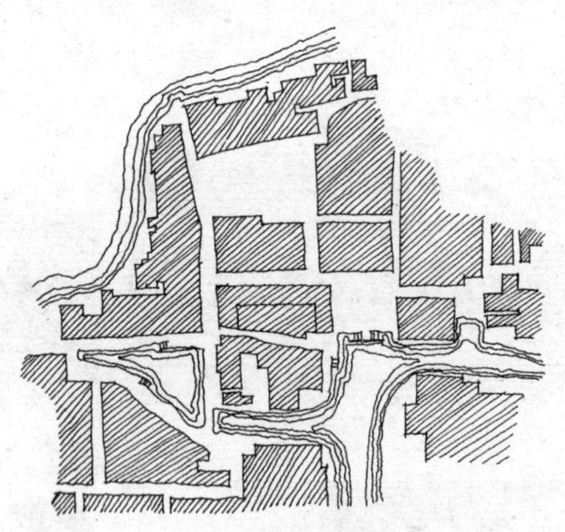

图 1–37 浙江靳县梅墟镇

与此相适应，在一部分聚落中便形成以商品交换为主要内容的集市广场，主要是依附于街巷或建筑，成为它们的一部分（图 1-37）。广场空间或是街巷与建筑的围合空间，或是街巷局部的扩张空间，或是街巷交叉处的汇集空间。其形成一般是被动式的，是因地制宜，利用剩余空间的结果，所以占地面积大小不一，形状灵活自由，边界模糊不清（图 1-38）。

②广场的布置

聚落当中都有供人们聚集的场地，起源于生产、商业、宗教和军事的需要。比如场院、祖庙、寺院、教堂、集市、驿站、戏台等场所一般形成满足聚落社会活动的广场。这些广场既承担聚落日常的生产和生活需要（如农事、日常交往等），又满足阶段性的集体活动需要（如集市、集会、节庆、仪式、民俗等）。

在现代城镇中，广场特指室外具有硬质铺装的场地，与绿地、公园等有植被的公共场地既有一定的联系与结合，又有所区别。

广场的尺度与聚落的规模是相互匹配的，以不超过聚落生活中可能出现的最大规模活动需要为前提，可供整个聚落大部分人聚集在一起。

城镇广场可分为主广场和次要广场，以及建筑与道路之间的边角地。次要广场的规模通常都很小，都是因地制宜布置，这些“自发”形成的空地，供与之密切联系的周边活动的需要，承载着不同的日常活动。

由于广场在传统聚落中的存在，因此在现代城镇设计时，广场也成为必需的项目。城镇街道和广

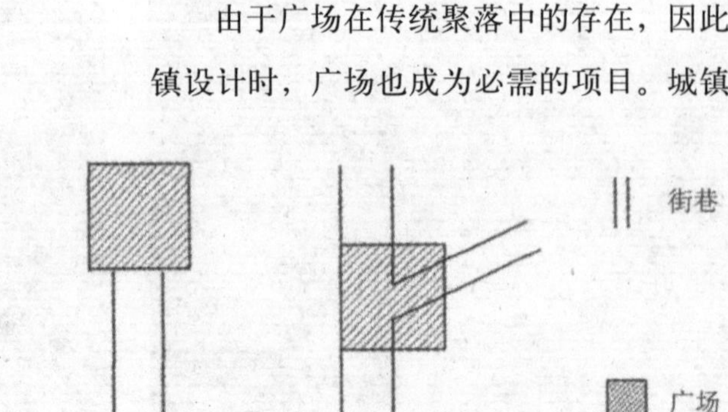

图 1–38 广场的形式

场应当保持适当的尺度，才能体现出亲切感和美感。有些现代广场和聚落生活并不完全匹配，规模过大，大广场、大马路、高楼林立，并不是一般城镇所要追求的，这会导致使用效果出现偏差，造成很大浪费。

广场和街道是有机地联系在一起的，相辅相成。广场以街道为骨架，合理分布。

城镇的主要公共活动设施应与主广场和干道相结合，相对集中布置，形成城镇中心区，主广场是城镇的灵魂。

云南丽江地处金沙江上游，风光秀美是古代羌人的后裔纳西族的故乡。其古城已有800多年的繁荣历史，古朴自然，兼有水乡之容、山城之貌。它作为有悠久历史的少数民族城市，从城市总体布局到工程建筑融汉、白、彝、藏各民族精华，并自具纳西族的独特风采，是一座具有较高综合价值和整体价值的历史文化名城，集中体现了地方历史文化和民族风俗风情。古城建设祟自然、求实效、尚率直、善兼容的可贵特质更体现特定历史条件下的城镇建筑中所特有的人类创造精神和进步意义，包含了流动的城市空间、充满生命力的水系、风格统一的建筑群体、尺度适宜的居住建筑、亲切宜人的空间环境以及独具风格的民族艺术内容等。古城布局中的三山为屏、一川相连；水系利用中的三河穿城、家家流水；街道布局中“经络”设置和“曲、幽、窄、达”的风格；建筑物的依山就水、错落有致的设计艺术在中国现存古城中是极为罕见的，是纳西族先民根据民族传统和环境再创造的结果。其1986年被列入国家历史文化名城，1997年被联合国教科文组织世界遗产委员会列入《世界遗产名录》。

被列入世界遗产的丽江古城，包括了大研、束河、白沙等几座古镇。大研镇即丽江县城，处于山川流水环抱之中，相传因形似一方大砚而得名“大研镇”。是古城风貌整体保存完好的典范。依托三山而建的古城，与大自然产生了有机而完整的统一，古城瓦屋，鳞次栉比，四周苍翠的青山，把紧连成片的古城紧紧环抱。城中民居朴实生动的造型、精美雅致的装饰是纳西族文化与技术的结晶。古城所包含的艺术来源于纳西人民对生活的深刻理解，体现人民群众的聪明智慧。

在这几座古镇中，都有中心广场，称为“四方街”。广场形状近似方形，并不追求完全规整。

1.2.2 传统聚落街道和广场的作用

街道和广场的作用是用于交通和人群集散。

在聚落中，街道及广场空间构成聚落中重要的外部空间，它与民居的实体形态具有图形反转性，体现了传统聚落极富变化的空间形态（图1-39）。

图1–39 云南大理周城镇

（1）传统聚落街道的作用

街道是聚落形态的骨骼和支撑，是聚落空间的重要组成部分，但它从不单独存在，而是伴随着聚落的建筑和四周的环境而共存。它根据人们走向的需要并结合地形特征，构成了主次分明、纵横有序的聚落交流空间。次要街巷沿主要街道的两侧或聚落中心地带向四周扩展延伸，至每幢建筑或院落的门口处。就像一片树叶的叶脉那样，主脉牵连着条条支脉，支脉又牵连着每一个叶片细胞。聚落的街巷牵连着聚落中的每一栋建筑、广场（晒坝）以及聚落中的各组成部分，影响着它们的布局、方位和形式，并使聚落生活井然有序、充满活力。街巷延伸到哪里，聚落建筑及公用设施也会跟随到哪里。聚落街巷起到了聚落形体的骨架作用，其现状及发展都将决定着聚落形态的现在和未来。

（2）传统聚落广场的作用

从构成的角度看，广场可以被看做聚落空间节点的一种，主要是用来进行公共交往活动的场所。广场有时可以作为聚落的中心和标志。在传统聚落中的广场承担着宗教集会、商业贸易和日常生活聚会等功能，很多广场都具有多功能的性质。广场一般作为聚落公共建筑的扩展，通过与道路空间的融合而存在，成为聚落中居民活动的中心场所；若与井边小空间相结合则往往成为公共空间与私人空间的过渡，起到使住宅边界柔和的作用。对于某些聚落来讲，广场的功能还不限于宗教祭祀、公共交往以及商品交易等活动，而且还起到交通枢纽的作用。特别是对于规模较大、布局紧凑的某些聚落来讲，由于以街巷空间交织成的交通网络比较复杂，如果遇到几条路口汇集于一处时，便不期而然地形成了一个广场，并以它作为全村的交通枢纽。它同时具有道路连接和人流集中的特点（图 1-40）。

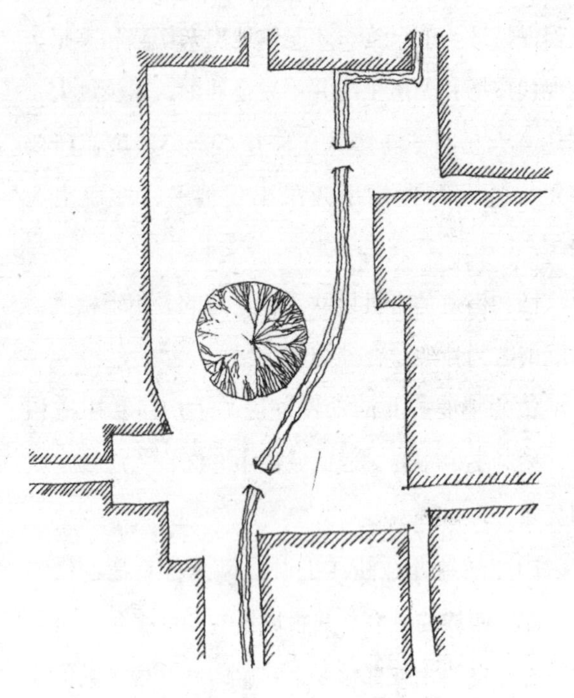

图 1–40　大理白族自治州村南边的次要广场

1.2.3 传统聚落街道和广场的空间特点

由于受到外界客观因素的制约，传统聚落协调自然环境、社会结构与乡民生活的居住环境，体现出结合地方条件与自然共生的建造思想。它们结合地形、节约用地、考虑气候条件、节约能源、注重生态环境及景观塑造，运用手工技艺、当地材料及地方化的建造方式，以最小的花费塑造极具居住质量的聚居场地，形成自然朴实的建筑风格，体现了人与自然的和谐景象。可以说，因地制宜、顺应自然是传统聚落空间营造的一个主导思想。

由聚落屋顶组合而成的天际轮廓线，民居单体细胞组合成的团组结构，以街、巷、路为骨架构成了丰富的内向型空间结构，通过路的转折、收放，水塘、井台等地形地貌形成亲切自然的交往空间，体现出自然的结构形态。传统聚落街道和广场更是创造了多义性的空间功能、尺度宜人的空间结构、丰富多变的景观序列和结合自然环境的空间变化。

（1）多义性的空间功能

传统聚落是一定意义上的功能综合体，其空间意义也是多层次的。人通过感知空间要素的意义而形成一定的空间感受，传统聚落空间形态及其内涵的丰富性导致了空间感受的复合性和多义性。从限定方式上来讲，空间之间限定方式的多样性使得空间相互交流较多，进一步丰富了空间感受；从功能上说，复合空间具有多种用途，进一步丰富了空间的层次感。

从传统聚落中街道和广场空间的处理形式来看，可以发现许多空间并不具有清晰明确的空间边界和形式，很难说明它起始与结束的界线在哪里。有一些空间是由其他一些空间相互接合、包容而成，包含了不止一种的空间功能，本身即是一种多义的复合空间。

①传统聚落街道的复合空间

传统聚落的商业性街道是一种比较典型的复合空间。白天，街道两侧店铺的木门板全部卸下，店面对外完全开敞，虽然有门槛作为室内室外的划分标志，但实际上无论在空间上，还是从视线上，店内空间的性质已由私密转为公共，成为街道空间的组成部分（图 1-41、图 1-42）。人们通常所说的逛街，就是用街来指代商店，在意识上已经把店作为了街的一部分。晚上，木门板装上后，街道呈现出封闭的线性形态，成为单纯的交通空间。

同时，传统聚落的街道还作为居民从事家务的场所，只要搬个凳子坐在家门口的屋檐下，就限定出一小块半私用空间，在家务活动的同时与周围来往的居民和谐共处，还可参与街道上丰富的交往活动。南方许多聚落的街道上都有骑楼、廊棚，有些连成了片，下雨天人们在街上走都不用带伞，十分方便舒适。骑楼及廊棚下的空间是一种复合空间的典型代表，具有半室内的空间性质，实际上有很多人家也正是将这里作为自己家的延续，在廊下做家务、进行交往，使公共的街道带有很强的私用性。

②传统聚落广场的多功能性

传统聚落中除了主要街道外，在村头街巷交接处或居住群组之间，分布着大小不等的广场，构成聚落中的主要空间节点。广场往往是聚落中公共建筑外部空间的扩展，并与街道空间融为一体，构成有一定容量的多功能性外延公共空间，承担着固有的性质和特征。

广场一般面积不大，多为因地制宜地自发形成，呈不对称形式，很少是规则的几何图形。曲折的道路由角落进入广场，周围建筑依性质不同或敞向广场或以封闭的墙面避开广场的喧嚣。规模不大的聚落，只有一两处广场，平时作为人们交往、老人休息、儿童游戏的地方，节日在这里聚会、赛歌，具备了多功能性质。

在缺乏大型公共建筑的聚落中，村中的较大场坝便成为村民意象中的中心。它们不一定居于村的中心位置，也可能不被建筑围合，多数是开敞式的，一面临村，视野开阔，场坝的一隅常群植或孤植高大的“风水树”，不但可蔽日还能起到标志作用。白族人把高山椿树看成是生命和吉祥的象征，称之为“风水树”，差不多每个村落都把这种树当做标志加以崇拜和保护。这种高山椿树异常高大且枝叶繁茂，带有硕大如伞的树冠，以这种树为主体，再配置主庙、戏台及广场，使其形成村民公共活动的中心。平时村民可以在树荫下纳凉、交往或从事集市贸易，每到节日还可以举行宗教庆典活动和庙会。

在聚落中一些重要的公共建筑和标志物周围，都设有广场，承担着多种功能，如戏台广场、庙前广

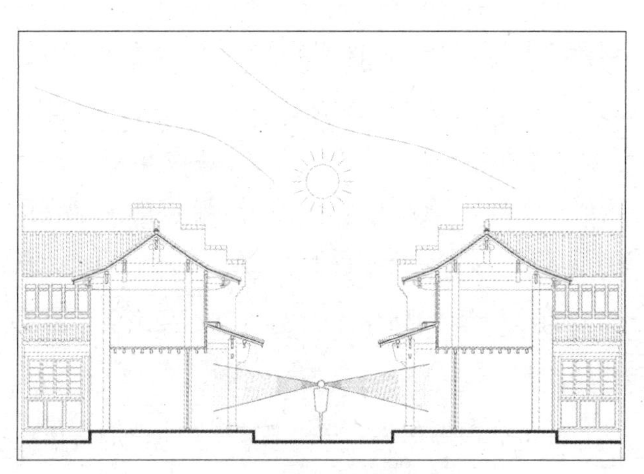

图 1-41　商业街道的复合空间（白天）

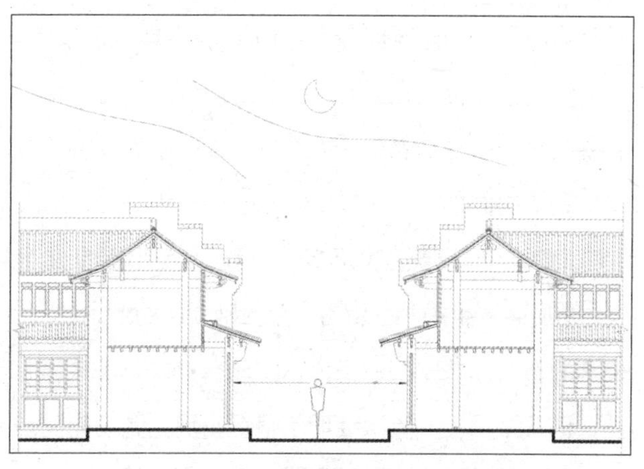

图 1-42　商业街道的复合空间（夜晚）

场、家族祠堂前的广场，它们是聚落的中心。例如，土家族地区的中心聚落设摆手堂，堂前有较宽阔的场坝，这是一种与聚落公共建筑有密切关系的广场。皖南青阳县九华山为我国四大佛教名山之一，山上居民大部分信仰佛教，从事经营佛教用品、土特商品，并开设旅馆、饭店以接待香客食宿。山上九华街广场位于居民区的中心，是主要寺院——化城寺寺前广场的扩展，广场四周由饭店、酒楼等一些商业建筑围合，广场中有放生池、旗杆、塔等，其中部地坪高于两侧街道，呈现出一种台地式构成。这一广场充分地将宗教性、商业性和生活性结合起来。

③传统聚落节点空间的不明确性

街道串联起的许多节点空间，如共用水埠、桥头、小广场、绿地等都与街道空间有着密不可分的联系，这些节点与街道之间并不明确空间限定，对街道连续的线性空间或扩充或打断，成为街道的一部分。从而对空间的性质、活动、气氛、意义都产生了影响，丰富了人的空间感受。

商业性广场更是多与街道相结合，即在主要街道相交汇的地方，稍稍扩展街道空间从而形成广场。由于街道和巷道空间均为封闭、狭长的带状空间，人们很难从中获得任何开敞或舒展的感觉，而一旦穿过街巷来到广场，尽管它本身并不十分开阔，但也可借对比作用而产生豁然开朗的感觉。例如，四川罗城的广场与街道完全融合为一体，平面呈梳形，两侧均由弧形的建筑所界定，中间宽，两端逐渐收缩，在比较适中的位置还设有戏台。从总体布局看，整个集镇几乎完全围绕着广场而形成，因而给人以统一、集中和紧凑的感觉。

总之，传统聚落总体空间形态表现出因自然生长、发展而产生的功能混合、无明确分区的形态特点。聚落的空间区域主要有街道、广场、寺庙、住宅等几种，但从来都没有界限分明的情况出现，各功能区域之间有机结合，街道中常常插进几幢住宅，寺庙边往往是聚落内最热闹的商业区，街道的节点即成为广场，这就使得传统聚落中的空间感受显得格外丰富多变。

传统聚落空间形态复合性和多义性的特点使得人们可以从不同的角度去认识它，并能不断地发掘出新的东西，有常见常新之感。

（2）尺度宜人的空间结构

传统聚落中的街道和广场空间组成了适应不同功能的空间结构序列，尺度不同，富于变化。

聚落街道密布整个聚落，是主要交通空间。这个网络由主要街道、街、巷、弄等逐级构成。就像人体的各种血管将血液送到各种组织细胞一样，街巷最基本的功能是保证居民能够进入各个居住单元。街巷节点是街巷空间发生交汇、转折、分岔等转化的空间。因为节点的存在，才使各段街巷联结在一起，构成完整的街巷网，将街巷的各种形态——树形、回路、盲端等统一成整体，而在放大的街巷节点处形成了广场。因此，传统聚落中一般的空间结构序列可以分为：广场——街巷节点广场——街巷节点空间——街——巷。

①传统聚落中的广场空间尺度

传统聚落中的广场因要承担着人们聚集的功能，因此是聚落中尺度较大的空间，包括入口广场、庙会集市广场、生活广场、街巷节点广场等几种形式。

对于大型聚落，入口广场大多是结合牌坊、照壁、商业街等形成的相对开阔的空间，是人流集散的空间。

庙会集市广场是定期或不定期集市贸易的场所，一般与寺庙、桥头、农贸市场等空间紧密结合。例如，太湖流域朱家角镇的城隍庙，以戏台为中心的空间和庙前的桥头空间共同组成了远近闻名的朱家角庙市广场。

生活广场也在聚落空间中发挥着重要的作用。皖南宏村“月塘”广场，广场中部为水塘，广场周围是妇女洗菜、洗衣聚集的场所。广场长向 50 余 m，短向 30 余 m，广场与周围道路的连接以拱门界定，四周具有清晰的硬质界面，两侧立面高度在 7m 左右，形成 1:（4.5 ～ 7）的广场比例，符合古典广场 1:(4 ～ 6) 的比例要求，有良好的围合感和广场景观。

街巷节点广场也是居民的交通广场，是石桥、街道、巷弄等交差、互相联系的空间，一般规模比街巷节点空间尺度大，可供行人驻足休息。

②传统聚落中的街道空间尺度

为适应聚落街道的不同功能要求，街道的空间尺度也不尽相同。在大型聚落中，街区内的道路系统可分为三等级：主要街道，宽 4 ～ 6m；次要街道，宽 3 ～ 5m；巷道，宽 2 ～ 4m（图 1-43）。

以湘西聚落为例，街一般是聚落的主要道路，两侧由店铺或住宅围合，成为封闭的线形空间。街道宽度与两边建筑高度之比，一般小于 1，尺度宜人。巷是比街还窄的邻里通道，两侧多以住宅或住户的院墙围合，两端通畅，与街相接。如果说街是聚落的交通通道和村民进行购物、交往、集会等活动的热闹场所，那么巷则是安静的，是邻里彼此联系的纽带；如果街具有公共性质，那么巷则具有居住性质。巷的宽度与两边建筑高度之比在 0.5 左右，给人以安定、亲切的感受。

在水乡聚落中，街道的空间层次多为河道——沿河街道——垂直于河岸的街道——巷道——弄。从“河道”到“弄”是空间尺度逐渐减小的过程，这一系列空间形成了整体的交通空间序列。河道空间的宽高比远远大于 1；沿河街市空间和普通街道空间宽高比一般小于 1，而大于 1:3；到了巷弄空间宽高比有的甚至小于 1:10，例如浙江西塘镇的石皮弄宽仅为 0.8m，而两侧山墙高达 11m。

（3）丰富多变的景观序列

①街道的变化增加了空间的可识别性

聚落中的街道因其建造过程的自发性，不可能做到整齐划一。从某种意义说，街道空间是两边建筑限定的剩余空间，两侧的建筑往往是参差不齐，这必然会使街道变得忽宽忽窄，甚至还会出现小的转折。笔直的街道和平整的界面显然有利于交通，但其景观却十分单调。而有些聚落街道由于曲折凹凸的变化，增添了街道空间的韵味，有助于提高景观的可识别性。

从日常的经验中可以体验到，空间的宽窄变化给人的感官和心理上留下的印象远比立面变化来得深刻。空间的转折会强迫人们改变自己的行进路线和方向，具有很强的标志性，因而通过上述的空间变化必然会大大地提高街道空间的可识别性。

长长的街道空间被分为几个不同段落，每一段

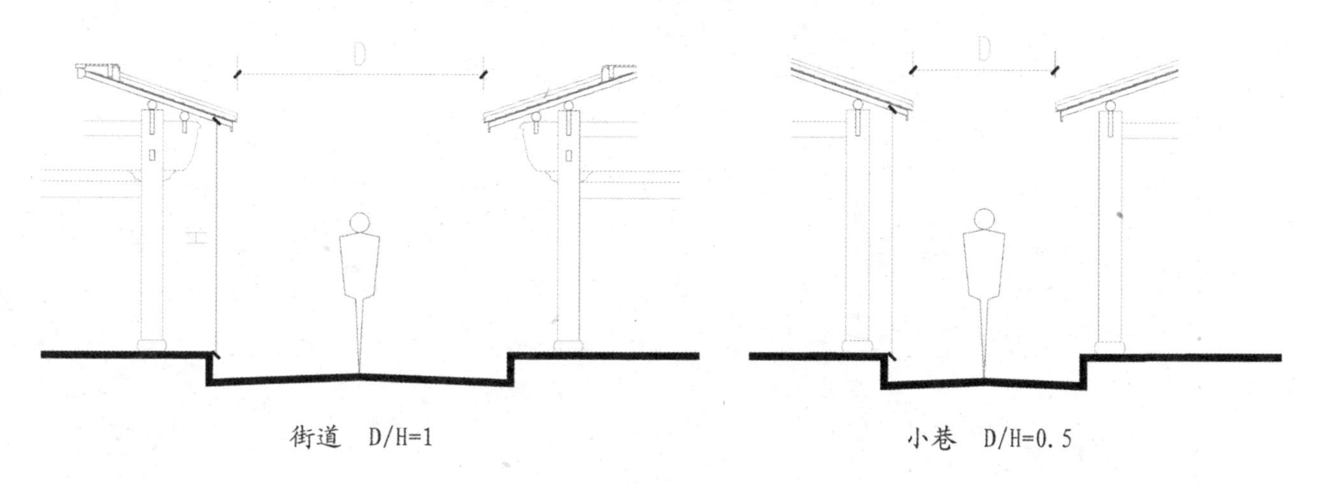

图 1-43 不同等级街道的空间尺度

落都具有特定的空间形象，人们可以随时随地判断自己所在的空间位置。

②街道的节奏变化增强了空间的层次感

通过打破街道连续性的线性空间，利用节奏变化，使得街巷空间变得开合有序，层次十分丰富。从构成角度看，“合”是指街道两侧界面所形成的较封闭的狭长空间，“开”则指围合界面的一边或两边开敞。街道中的开合变化赋予了街道划分段落的意味，使长向线性空间不再单调，这种开合处理有时是因自然因素的隔断而形成的，有些是有意处理的。

四川资中县罗泉镇依山沿球溪河而建，街道形态受地形限制自然曲折，街道长约 2.5km，两侧建筑为二层。为避免线性空间的单调，布局中采取了三开三合的手法，每隔一段街道空间由封闭转为通透，由狭窄转为宽敞（图 1-44）。具体来看，当地人将街道比喻为龙，开合的位置也与龙的构造相应：

(a) 龙头一开，龙颈一合。龙头部分由城限庙、川主庙、子来桥和场口河对面的盐神庙组成，这里空间开敞通透。公共建筑后面是大宅院组成的封闭式街道，为一合。

(b) 龙喉一开，龙身一合。狭窄的街道延至观音沱，在地形转折处只有半边街，豁口很自然地将远山近水的“神沱鱼浪”（当地八景之一）引入街道景观，半边街后面又是封闭式小街，为一合。

(c) 龙腰一开，龙尾一合。在龙身与龙尾交接处，街道随地势又形成一段半边街，这里延伸的两条小街

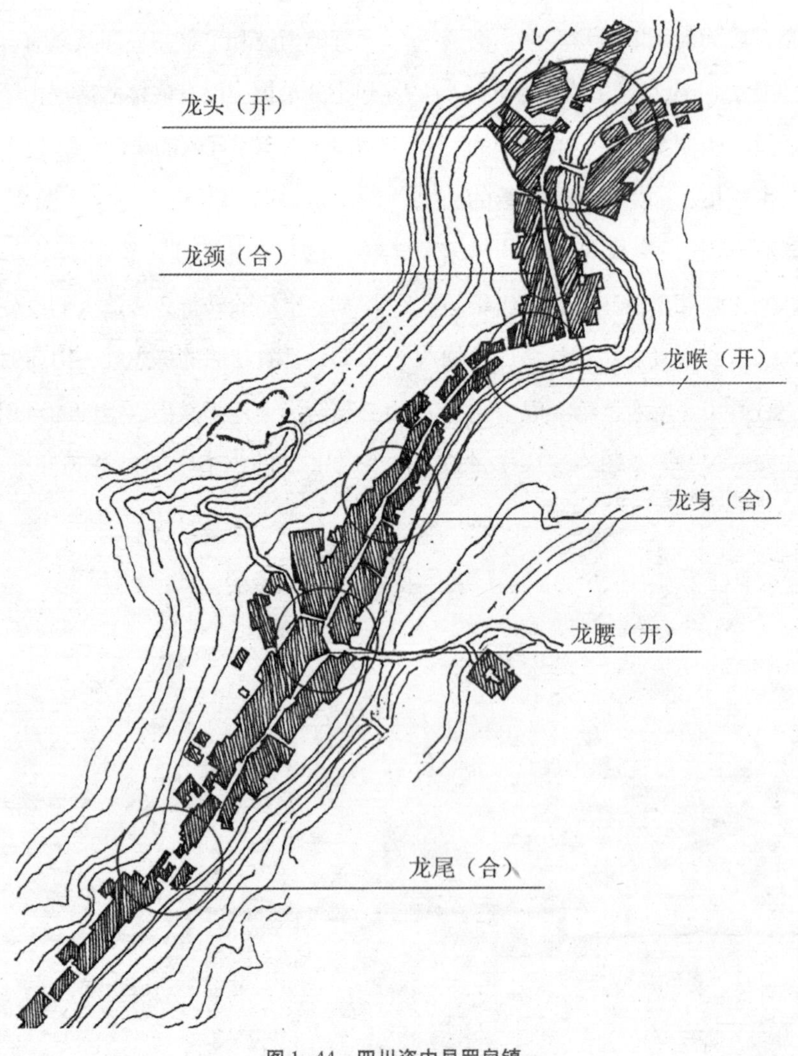

图 1–44　四川资中县罗泉镇

如同龙脚，构成开敞景观，以后又形成封闭的龙尾，再为一合。

在这种的街道开合的空间变化中，可以发现重要建筑所起的对景和导向作用。在龙头的开敞景观中，一边以子来桥和盐神庙为入口导向和对景，在街道转折的另一边以宽敞的广场（空坝）过渡，正面以城隍庙为对景；中部转折点以河湾绿地作为对景和过渡；尾部以加宽街道、增加街道叉口为过渡。

一个聚落的空间有着不同的标志物，因此出现了不同的功能空间和层次，使得空间形象和性格形成不同的变化。转向小巷的过街楼或门楼，对于导向起到了标志性的作用。在人们的心目中，越过门楼即进入小巷或大街，而门楼却是开放的空间，使两边的空间渗透、沟通，巧妙地使空间转折过渡。标志物标志着一个空间的开始或结束，给人以明确的空间节奏感。例如从广场进入街道，由大街进入小巷，由小巷进入住宅的大门，再到居室的门，如同乐曲中的不同音阶及节拍，构成音域上的差异，形成和谐优美的乐曲。

设在道路不同位置的标志物不仅对人在道路中的行走起到一定的强化作用，而且不同标志物的自然变换也为行人提供了丰富的节奏感。从人的行为规律看，轻松步行的最远距离为 200 ~ 300m，每隔 200 ~ 300m 设置清晰的标志物可以引起行人的注意，并加强道路的空间层次感。由于传统聚落的尺度较小，标志物的设置密度较高，巷道中一般以 25m 为限设定目标，巷道中一般以这个距离为转折点。唐模村由水口亭到高阳桥一段不到 100m 范围内布置 5 个标志物，使村口到村边一段空间景观十分丰富（图 1-45）。

③节点空间的对景处理进一步丰富了景观序列

在直线性街巷中，竖向的对景景观往往把线性空间收拢，这种效果相当于音乐中的暂停，使人的视线处于停留状态，留下阶段性印象，这时街道侧面墙壁上的门或窗所带来的光亮，会给封闭的线性空间带来有韵律的点状开口，产生震动效果，使街巷的边界柔和多变。聚落巷道的转折频率较大，在巷道对景的院墙或建筑侧墙上也可以看到很多对景处理，以此来丰富巷道空间。

借助某些体形高大、突出的建筑作为街道空间的底景，可以起到丰富景观变化的作用。特别是在街道空间的交汇处，利用错位相交时所出现的拐角，建造带有宗教、祭祀或其他公共性的建筑，以其高大、突出的体量或独特的外轮廓线变化而起到街道空间的底景作用，不仅可以形成视觉的焦点和高潮，同时

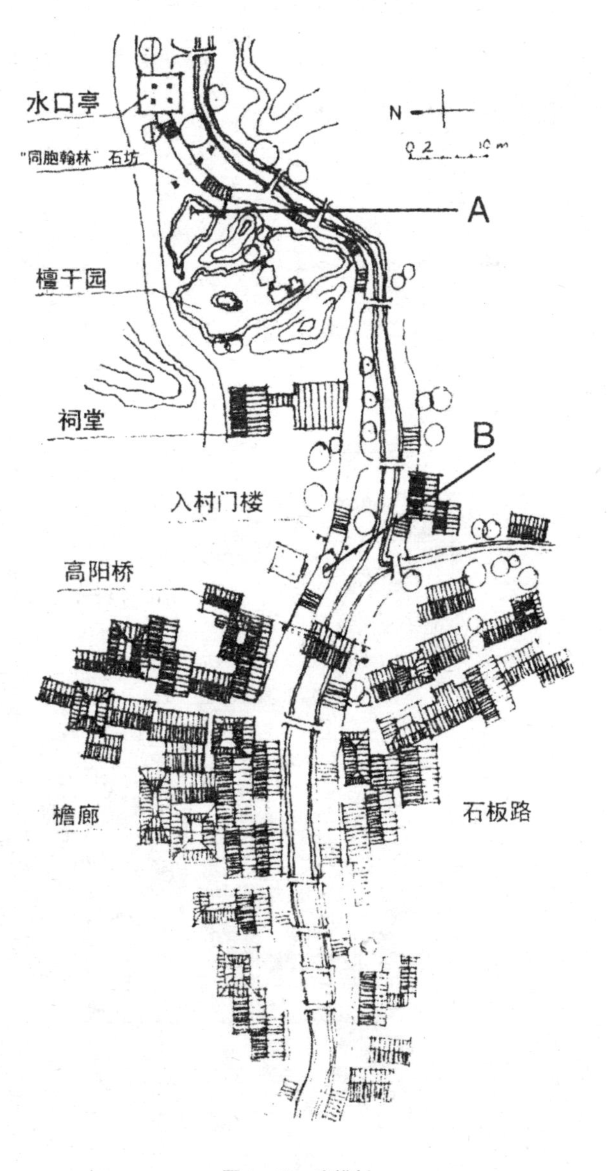

图 1–45　唐模村

也可以大大地提高街道景观的可识别性（图 1-46）。

（4）结合自然环境的空间变化

传统聚落的布局和建筑布局都与附近的自然环境发生紧密关联，可以说是当地的地理环境与聚落形态的共同作用才构成了中国式的理想居住环境。平原、山地、水乡聚落因其自然环境的迥异，呈现出魅力各异的聚落景观。

①平面曲折变化

建于平地的街，为弥补先天不足，一般都以凹凸曲折、参差错落取得良好的景观效果。两条主街交叉，在节点上的建筑形成高潮。丁字交叉的则注意街道对景的创造。多条街道交汇处几乎没有垂直相交成街、成坊的布局，这可能是由多变的地形和地方传统文化的浪漫色彩所致。

某些聚落，由于受特定地形的影响，其街道呈现弯曲或折线的形式。直线形式的街道空间从透视的情况看只有一个消失点，而曲折或折线形式的街道空间，其两个侧界面在画面中所占的地位则有很大差别：其中一个侧界面急剧消失，而另一个侧界面则得以充分展现。直线形式的街道空间其特点为一览无余，而弯曲或折线形式的街道空间则随视点的移动而逐一展现于人的眼帘，两相比较，前者较袒露，而后者则较含蓄，并且能使人产生一种期待的心理和欲望。

②结合地形的高低变化

湘西、四川、贵州、云南等地多山，聚落常沿地理等高线布置在山腰或山脚。在背山面水的条件下，聚落多以垂直于等高线的街道为骨架组织民居，

图 1–46　空间节点的对景处理

形成高低错落、与自然山势协调的聚落景观。

某些聚落的街道空间不仅从平面上看曲折蜿蜒，而且从高度方面看又有起伏变化，特别是当地形变化陡峻时还必须设置台阶，而台阶的设置又会妨碍人们从街道进入店铺，为此，只能避开店铺而每隔一定距离集中地设置若干步台阶，并相应地提高台阶的坡度，于是街道空间的底界面就呈现平一段、坡一段的阶梯形式。这就为已经弯曲了的街道空间增加了一个向量的变化，所以从景观效果看极富特色。处于这样的街道空间，既可以摄取仰视的画面构图，又可以摄取俯视的画面构图，特别是在连续运动中来观赏街景，视点忽而升高，忽而降低，间或又走一段平地，这就必然使人们强烈地感受到一种节律的变化。

③水街的空间渗透

在江苏、浙江以及华中等地的水网密集区，水系既是居民对外交通的主要航线，也是居民生活的必需。于是，聚落布局往往根据水系特点形成周围临水、引水进镇、围绕河道布局等多种形式。使聚落内部街道与河流走向平行，形成前朝街、后枕河的居住区格局。

由于临河而建，很多水乡聚落沿河设有用船渡人的渡口。渡口码头构成双向联系，把两岸构成互相渗透的空间。开阔的河面构成空间过渡，形成既非此岸、也非彼岸的无限空间。同时，河畔必然建有供洗衣、浣纱、汲水之用的石阶，使得水街两侧获得虚实、凹凸的对比与变化。

另外，兼作商业街的水街往往还设有披廊以防止雨水袭扰行人。或者于临水的一侧设置通廊，这样既可以遮阳，又可以避雨，方便行人。一般通廊临水的一侧全部敞开，间或设有坐凳或“美人靠”，人们在这里既可购买日用品，又可歇脚休息，并领略水景和对岸的景色，进一步丰富了空间层次。

总之，传统乡土聚落是在中国农耕社会中发展完善的，它们以农业经济为大背景，无论是选址、布局和构成，还是单栋建筑的空间、结构和材料等，无不体现着因地制宜、因山就势、相地构屋、就地取材和因材施工的营建思想，体现出传统民居生态、形态、情态的有机统一。它们的保土、理水、植树、节能等处理手法充分体现了人与自然的和谐相处。既渗透着乡民大众的民俗民情——田园乡土之情、家庭血缘之情、邻里交往之情，又有不同的“礼”的文化层次。建立在生态基础上的聚落形态和情态，既具有朴实、坦诚、和谐、自然之美，又具有亲切、淡雅、趋同、内聚之情，神形兼备、情景交融。这种生态观体现着中国乡土建筑的思想文化，即人与建筑环境既相互矛盾又相互依存，人与自然既对立又统一和谐。这一思想文化是在小农经济的不发达生产力条件下产生的，但是其文化的内涵却反映着可持续发展最朴素的一面。

中国传统村落的设计思想和体系与中国传统城市设计相比较毫不逊色，甚至比后者更趋成熟老到，更具实用价值。

1.3 城镇空间设计的理论研究

为剖析城镇外部空间在城镇范围内的作用和它与周围建筑群的关系，形成了城镇外部空间设计的相关理论。传统的视觉艺术方法多从美学的角度考虑问题，而随着建筑行为学和环境心理学的快速发展，现代设计方法更多地从环境和行为的角度考虑问题，强调公众对城镇生活和环境的体验。

1.3.1 外部空间的形态构成

空间的图底关系可以分析成是外部空间的实体和空间构成。丹麦建筑师S.E.拉斯姆森在《建筑体验》一书中，利用了“杯图”来说明实体和空间的关系。人们在观察事物时，会将注意的对象——图（Figure）和对象以外的背景——底（Ground）分离开来。主与次、图与底、对象与背景在大多数情况下是非常明确的。有时，两者互换仍然可以被人明确地认知（图 1-47）。

我们可以用这种图底关系来分析空间和实体的关系，一般情况下我们习惯将实体作为图，而将建筑周边的空地作为底，这样实体可以呈现出一种明确的关系和秩序。如果将图与底翻转，空间就成为了图，这样便于明确地掌握空间的形状和秩序（图 1-48）。

古典时期的城市设计贯彻的是“物质形态决定论”思想，设计思想以视线分析和视觉有序等古典美学为原则，对城市范围内的建筑进行三度形体控制，具有很强的浪漫主义色彩。这一时期的设计师对城市的兴趣“在于人造形式方面，而不是抽象组织方面”，他们提倡以设计建筑的手法和耐心设计城市。

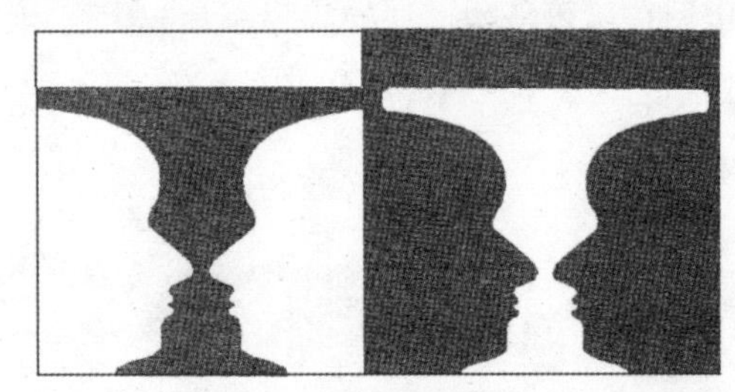

图 1–47 杯图

尽管这一时期流传下来的相关理论不多，但意大利的城市结构说明，城市街道、广场与建筑物的图底互换性非常强，很多城市是以室外空间的塑造为前提设计建造的，使古典的欧洲城市具有很强的外部空间系统。

另外，芦原义信在《外部空间设计》中将空间形态抽象为两种：向心空间（积极空间）和离心空间（消极空间）（图 1-49）。所谓空间的积极性就意味着空间满足人的意图，或者是有计划性的。计划对空间论来说，就是要首先确定外围边框，并向内侧去整顿秩序。相反，空间的消极性，是指空间是自然发生的，无计划性的。无计划性是指从内侧向外侧增加扩散性。因而前者是收敛性的，后者是扩散性的。芦原义信举的西欧油画和东方水墨画的对比是一个很好的例子：西欧的静物油画，经常是背景涂得一点空白不剩，因此可以将其视为积极空间；东方的水墨画，背景未必着色，空白是无限的、扩散的，所以可将其认为是消极空间。这两种不同空间的概念，不是一成不变的，有时是相互涵盖和相互渗透的。

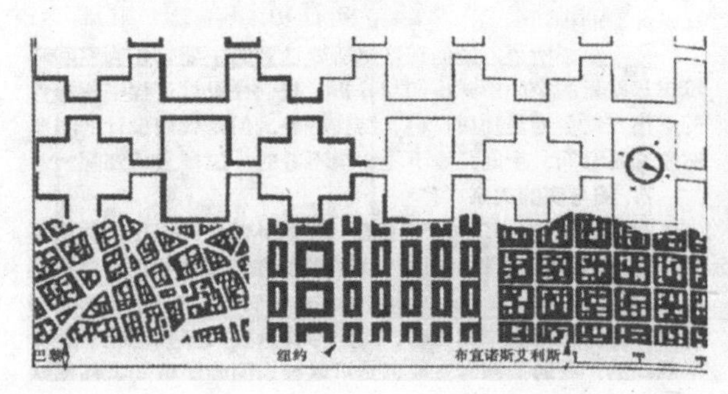

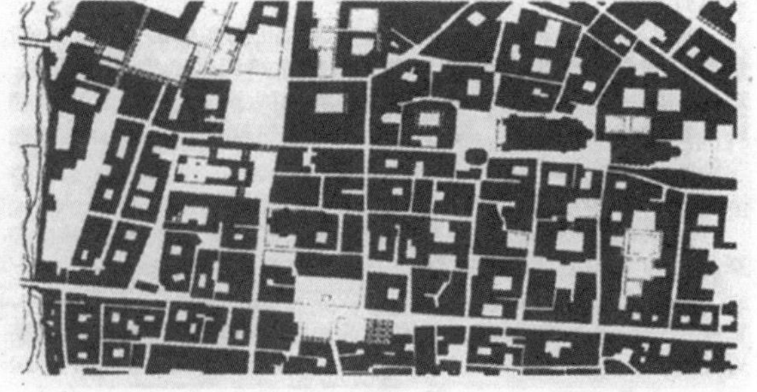

图 1–48 不同城市的图底比较

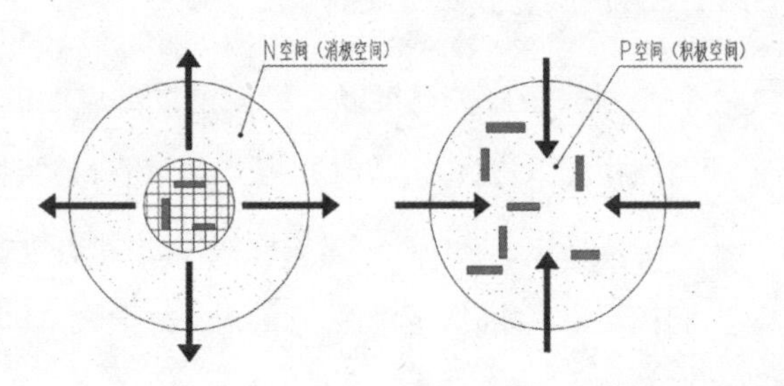

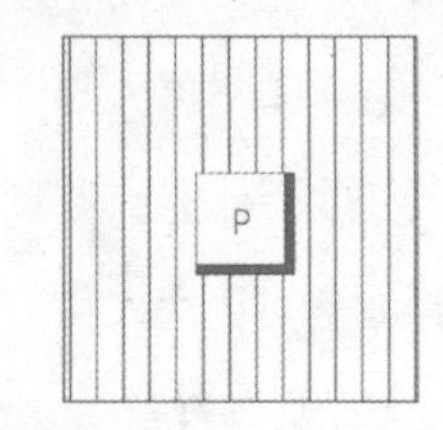

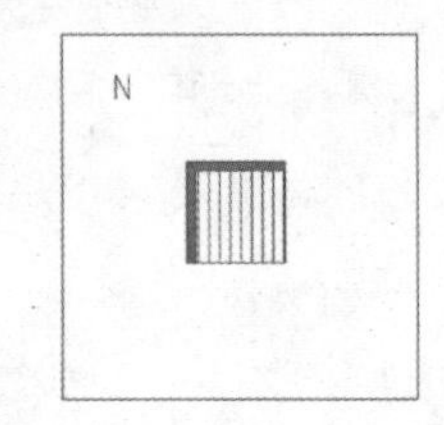

图 1–49 积极空间与消极空间

1.3.2 空间的尺度

空间为人所用，因此必须以人为尺度单位，考虑人身处其中的感受。尺度是空间具体化的第一步。

以人为尺度的度量，继而将人确定为可见的尺度。梅尔滕斯在1877年出版他的《造型艺术中的视觉尺度》一书时，设计了一座与尺度的计算数学相关的建筑，这个作品成为自那以后城市设计时研究尺度的基础。一般来说，我们对任何物体的视觉感知的范围，取决于物体轮廓线作用于眼睛的光线。视线的大致范围是两个交叠着的不规则的圆锥形。一般认为人的眼睛以大约60° 顶角的圆锥为视野范围，熟视时为1° 的圆锥。根据海吉曼与匹兹的《美国维特鲁威城市规划建筑师手册》，如果相距不到建筑高度2倍的距离，就不能看到建筑整体。正是这种几何学的限定，决定了城市尺度的多种多样。我们可以在12m的距离识别人；在22.5m的距离可以认出人；在135m的距离可以识别形体动作，这也是识别男人还是女人的最大距离；最终，我们同样可以在最远1200m的距离看见并认出人。

城市设计关注的是分析城市的形式以及为将来的发展进行设计，尺度分如下几层：人的私密空间12m，这是一个水平方向的临界距离；一般人的尺度这种水平距离大约是21 ～ 24m；公共空间的人的尺度是1.5km，这是感知距离的上限、超人的或者是纪念性设计的精神尺度；最后，是野性自然景观的特大人类尺度，以及那些用来征服其疆域及利用其资源的结构和技术。城市设计的艺术就是合理地使用这些尺度，为尺度间的顺利转换创造机制，通过变换尺度取得优美效果，避免视觉的混乱。

芦原义信在《外部空间设计》中进一步探讨了在实体围合的空间中实体高度（*H*）和间距（*D*）之间的关系。当一个实体孤立时，是属于雕塑性的、纪念碑性的，在其周围存在着扩散性的消极空间。当几个实体并存时，相互之间产生封闭性的相互干涉作用。经过其观察总结的规律，*D/H*=1是一个界限，当*D/H*<1时会有明显的紧迫感，*D/H*>1或者更大时就会形成远离之感。实体高度和间距之间有某种匀称存在。在设计当中，*D/H*=1/2/3是较为常用的数值，当*D/H*>4时实体之间相互影响已经薄弱了，形成了一种空间的离散，当*D/H*<1时其对面界面的材质、肌理、光影关系就成为了应当关心的问题（图1-50）。

1.3.3 空间的限定

我们生活的这个空间，在某种意义上可以称为“原空间”，对外部空间的设计就是在原空间基础之上的，空间限定就是指使用各种空间造型手段在原空间之中进行划分（图1-51）。

（1）围合。也就是通过围起来的手法限定空间，中间被围起的空间是我们使用的主要空间。事实上，由于包围要素的不同，内部空间的状态也有很大不

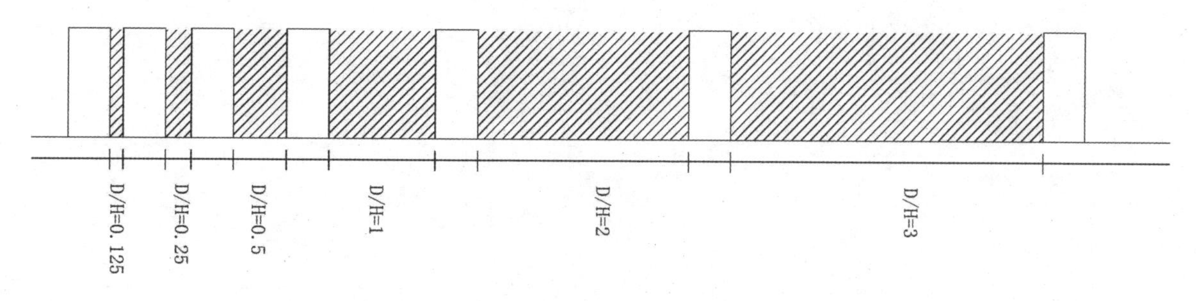

图1−50 D/H图

同，而且内外之间的关系也将大受影响。这种限定手法似乎简单，但是运用却极为广泛（图 1-52）。

（2）覆盖。下雨天在大街上撑起一把伞，伞下就形成了一个不同于街道的小空间，这个空间四周是开敞的，上部有构件限定。上部的限定要素可能是下面支撑，也可能是上面悬吊。

（3）设置。也称之为“中心的限定”。一个广阔的空间中有一棵树，这棵树的周围就限定了一个空间，人们可能会在树的周围聚会聊天。任何一个物体置于原空间中，它都起到了限定的作用。

（4）隆起与下沉。高差变化也是空间限定较为常见的手法，例如主席台、舞台都是运用这种手法使高起的部分突出于其他地方。下沉广场往往能形成一个与街道的喧闹相互隔离的独立空间。

（5）材质的变化。相对而言，变化地面材质对于空间的限定强度不如前几种，但是运用也极为广泛。比如庭院中铺有硬地的区域和种有草坪的区域会显得不同，是两个空间，一个可供人行走，另外一个却不一定。

通过多种手法对空间进行限定，可以形成不同的广场和街道类型，如图 1-53、图 1-54 所示。

1.3.4 行为的多样性

人在空间中的行为虽有总的目标导向，但在活动的内容、特点、方式、秩序上受许多条件的影响，呈现一种不定性、随机性和错综复杂的现象，既有规律性，又有较大的偶发性。丹麦的杨·盖尔教授在其名著《交往与空间》中将公共空间中的户外活动划分

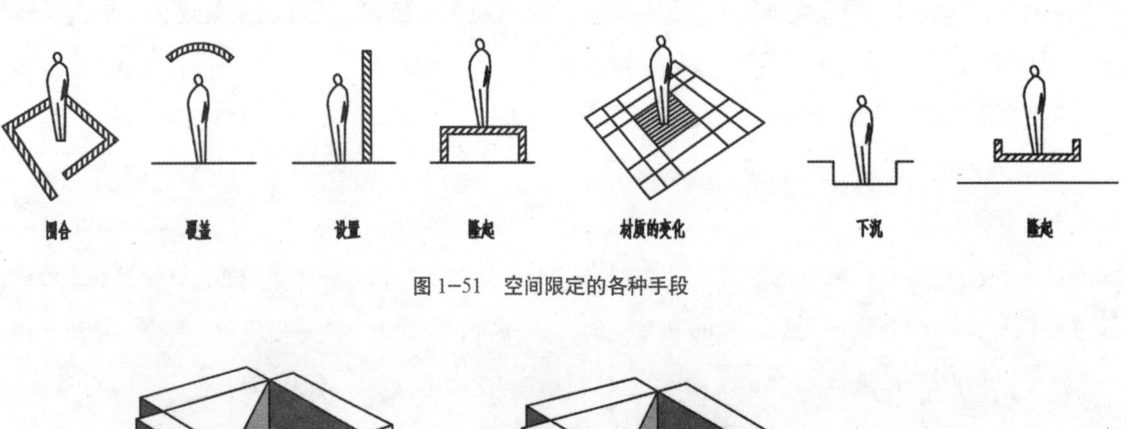

图 1–51　空间限定的各种手段

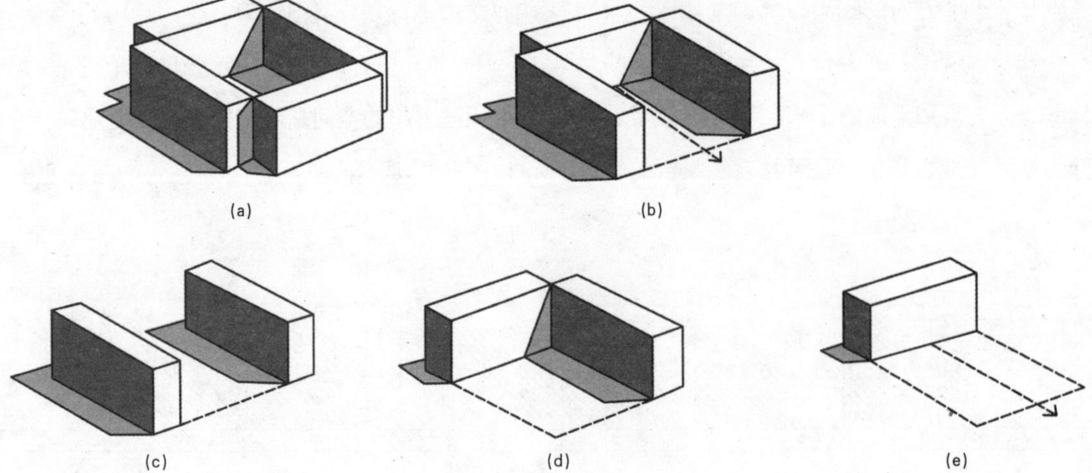

图 1–52　广场的围合方式

(a) 四面围合　(b) 三面围合　(c) 二面围合（一）　(d) 二面围合（二）　(e) 一面围合

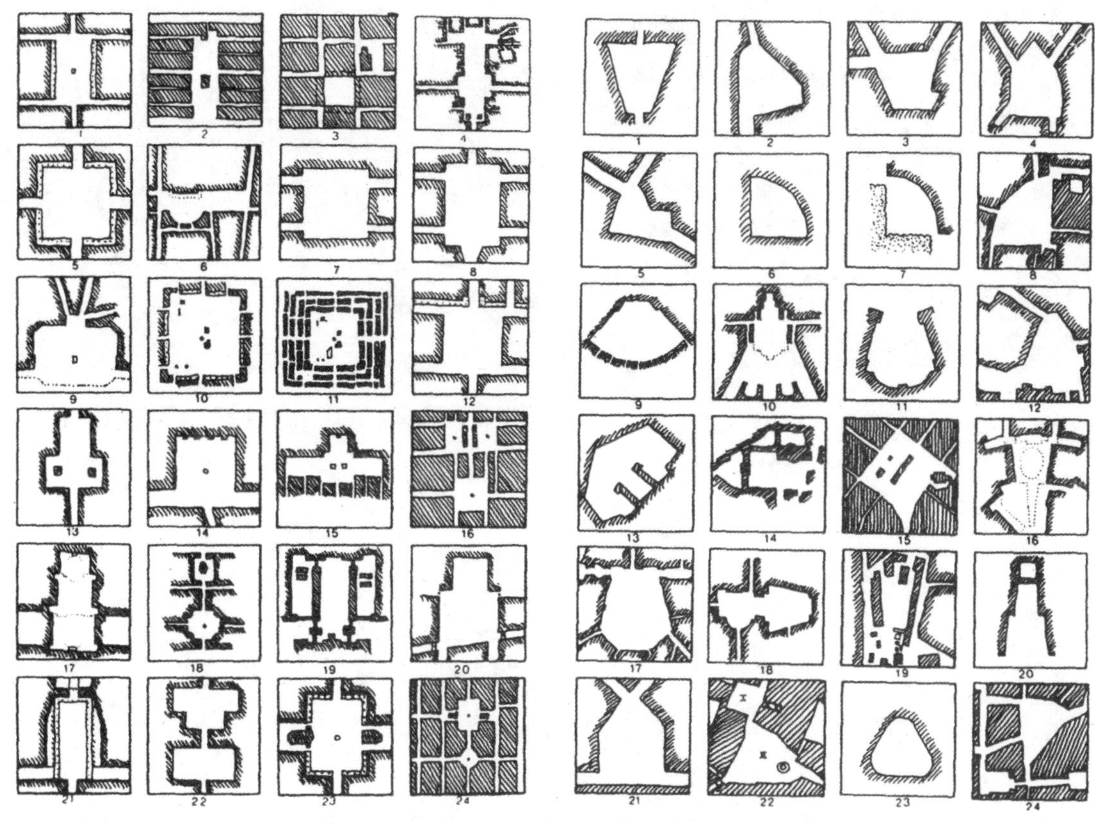

图 1–53　不同广场的类型

图 1–54　不同街道的类型

为三种类型：必要性活动、自发性活动和社会性活动。

通过分析，我们可以将人的活动按照性质分为以下几种：

（1）有直接目标的功能性活动。也就是必要性活动，这是一种带有强目的性的行为，是指那些带有任务性的、必须要做的活动。如上学、上班等。

（2）有间接目标的准功能性活动。这属于半功能性的，是为某种功能目标做准备，依附于某种功能目标而存在的，诸如购物、参观、看展览等活动内容。这种活动亦属于必要性活动，但带有一种可选择性和可改变性。

（3）自主性和自发性活动。即无固定的目标、线路、次序和时间的限制，由主体随当时的时空条件的变化和心态，即兴发挥，随机选择所产生的行为，如散步、游览、休息等活动。

（4）社会性活动。即指行为主体不是单凭自己意志支配行为，而是借助于他人参与下所发生的双边活动。如儿童游戏、打招呼、交谈及其他社交活动。社会性活动，是个人与他人发生相互联系的桥梁，形式多样，种类繁多，可发生在各种场合，如家庭宅院、街道、工作场所、车站、电影院及一切公共场所。它具有与以上几种活动同时发生的“连锁性”活动。人们在有人活动的空间中，只要有意参与就会引发各种社会性活动。几种活动及行为方式，如图 1-55 所示。

1.3.5 场所和文脉

与现代主义强调纯粹空间形式以及超凡脱俗的个性相反，有些学者关注于形式背后的东西。在他们看来，街道并不仅是供通行使用的“动脉”，城市形式并不是一种简单的构图游戏。他们认为，形式背后蕴含着某种深刻的含义，这含义与城市的历史、文化、民族等一系列主题密切相关，这些主题赋予了城市空间丰富的意义，使之成为市民喜爱的“场所”。因此，

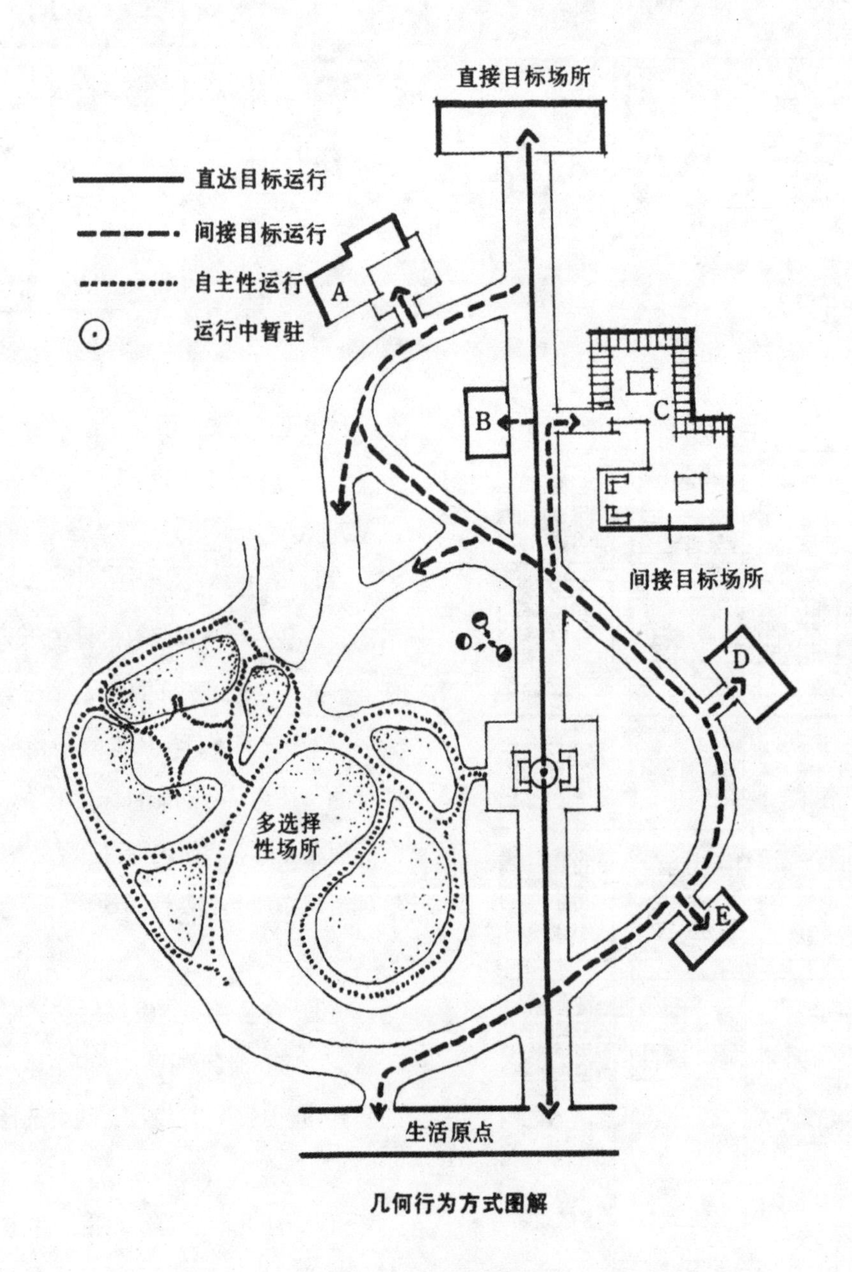

图 1–55　行为方式图解

城市设计也就是挖掘、整理、强化城市空间与这些内在要素之间关系的过程。

挪威建筑史学家舒尔茨 Schulz 将德国哲学家胡塞尔 Husserl 的现象学方法用于研究人类生存环境，考察其基本属性以及人们的环境经历与意义，出版了一系列著作：《建筑中的意象》（1956）、《存在、空间和建筑》(1971)、《西方建筑中的意义》(1975)、《场所精神》（1980），从而构筑了一整套建筑现象学体系。

（1）场所和场所精神

在对人类生存环境的结构和意义的考察中，舒尔茨提出了一个相关概念——场所。简而言之，场所是由自然环境和人造环境相结合的、有意义的整体。这个整体反映了在某一特定地段中人们的生活方式及其自身的环境特征。因此，场所不仅具有实体空间的形式，而且还有精神上的意义。通过建立人们与世界的联系，场所帮助人们获得了存在于世的根基。

从历史发展的角度来看，场所的结构既具有相对稳定性，又随着场所的发展而变化。稳定意味着延续，这是人们生活所必需的条件，也是场所得以发展的保证。

场所的精神与场所结构密切相关。通过提示人与环境的总体关系，场所体现出人们居住于世的存在尺度和意义。

克利夫·芒福汀 Moughtin 在《街道和广场》一书中指出，城市体验必须成为新时尚，应以步行的方式以及从休闲空间出发的方式来进行体验。城市不能简单地被看做是一件人工品，观众是城市的一部分，他或者她能体验到远处钟声的喧闹、人行道上同伴的喋喋不休、烤咖啡豆的诱人气味以及从被烤热的铺地上反射的热量。他或者她探索小巷的黑暗，体验来自广场的突然明亮以及商务的匆忙。这种体验的模数是脚步，以步数来度量距离，这就是赋予城市比例的模数。能够以这种方法来欣赏的城市区域，大约是一段 20 分钟的步行或者是 1.5km 见方的区域，这是城市设计的最大空间单元，需要予以最高程度的关注。尺度和比例在城市设计中具有社会的内涵。一个领域被称为“家”，只有在它小的时候。要成为家，其总体和每个部分都必须保持在一个可想象的尺度范围内。正如舒尔茨所指出的：“对熟悉场所的尺度限定，自然地归总为聚集的形式。一个聚集的形式根本上意味着‘集中’。因而一个场所，基本上是‘圆的’”。

（2）城市文脉

文脉是指局部与整体之间对话的内在联系。在城市设计领域，文脉就是人与建筑的关系，建筑与城市的关系，整个城市与其文化背景之间的关系。城市文脉是城市赖以生存的背景，是与城市内在本质相关联、相影响的那些背景。城市文脉包含着显形形态和隐形形态。

显形形态可概括为人、地、物三者。人，是指人的活动，即城市中的社会生活，如人的交谈、交往、约会、散步、娱乐等。这些活动已被传统习俗组织起来，成为城市重要的显形形态。地，是指人活动的领域，也就是适于上述活动的公共空间，这些公共空间如同一个“黏合剂”，将各种人、各种事黏在一起，是城市中最具特色和最富感染力的场所。物，是指构成空间的要素，一幢建筑、一个雕塑、一根灯柱等每一个可见元素。

隐形形态是指那些对城市的形式与发展有着潜在的、深刻影响的因素，如政治、经济、历史、文化以及社会习俗、心理行为等，范围相当广泛。正如舒尔茨所说，“建筑师的任务就是创造有意味的场所，帮助人们栖居”。最成功的场所设计应该是使社会和物质环境达到最小冲突，而不是一种激进式的转化。城市空间从物质层面上讲，是一种经过限定的、具有某种形体关联性的“空间”，当空间中一定的社会、文化、历史事件与人的活动及所在地域的特定条件发生联系时，也就获得了某种文脉意义，空间也就成为

“场所”——成为城市中的永恒。

1.3.6 城镇活力分析

20世纪60年代以来，西方一些国家相继出现了比较严重的“城市病”。1961年，美国学者简·雅各布 Jacobs 以调查实证为手段，以美国一些大城市为对象进行剖析，发表了《美国大城市的生与死》一书。

在对城市的观察和报道过程中，雅各布逐渐对现代主义的城市设计观产生怀疑，尤其是对当时大规模的城市改建项目持批判态度。她注意到这些浩大的工程投入使用后并未给城市经济带来想象中的生机和活力，反而破坏了城市原有的结构和生活秩序。

在雅各布看来，城市是人类聚居的产物，成千上万的人聚集在城市里，而这些人的兴趣、能力、需求、财富甚至口味都千差万别。城市注定是复杂而多样的，城市必须尽可能错综复杂，并且相互支持，以满足多种需求。因此，城市多元化是城市生命力、活泼和安全之源。“多样性是城市的天性（Diversity is nature to big cities）”。对城市设计而言，唯一的解决办法是对传统空间的综合利用和进行小尺度的、有弹性的改造：保留老房子从而为传统的中小企业提供场所；保持较高的居住密度，从而产生复杂性；增加沿街小店铺以增加街道的活动；减小街区的尺度，从而增加居民的接触等。

城市最基本的特征是人的活动。人的活动总是沿着线进行的，城市中街道担负着特别重要的任务，是城市中最富有活力的“器官”，也是最主要的公共场所。路在宏观上是线，但在微观上却是很宽的面，可分出步行道和车行道，并且也是城市中主要的视觉感受的“发生器”。因此，街道的特别是步行街区和广场构成的开敞空间体系，是雅各布分析评判城市空间和环境的主要基点和规模单元。

现代派城市分析理论把城市视为一个整体，略去了许多具体细节，虽然考虑人行交通通畅的需要，但却不考虑街道空间作为城市人际交往场所的需要，从而引起人们的不满。因此，现代城市更新改造的首要任务是恢复街道和街区“多样性”活力，而设计必须要满足四个基本条件，即：

（1）街区中应混合不同的土地使用性质，并考虑不同时间、不同使用要求的共用。

（2）大部分街道要短，街道拐弯抹角的机会要多。

（3）街区中必须混有不同年代、不同条件的建筑，老房子应占相当比例。

（4）人流往返频繁，密度和拥挤是两个不同的概念。

1.3.7 空间形式认知理论——城市意向

1960年凯文·林奇 Lynch 所著的《城市意象》被认为是战后最重要的建筑理论著作之一。林奇以普通市民对城市的感受为出发点，研究他们如何认识和理解城市。他特别关注市民对城市印象的第一感受，通过对洛杉矶、波士顿和新泽西城市民的调查，建立城市印象性的组成要素，并且找出人们心理形象与真实环境之间的联系，进而找出城市设计的依据以及在城市新建和改建中的意义。其学术思想包括：

（1）用视觉形象来讨论城市的易读性和印象性，后者是作者开创的对形势评价的新标准。

（2）城市形象不仅由客观的物质形象和标准来判定，而且由观察者的主观感受来判定。那些被市民认知的城市印象，可以在城市重建中再利用。

（3）采用这种分析方法可以归纳出构成城市形象的五要素：即道路、边界、区域、节点与标志物（图1-56）。其中道路和节点是构成城市意象的重要因素。

①道路

道路系统是城镇空间形态的支撑和骨骼，是构

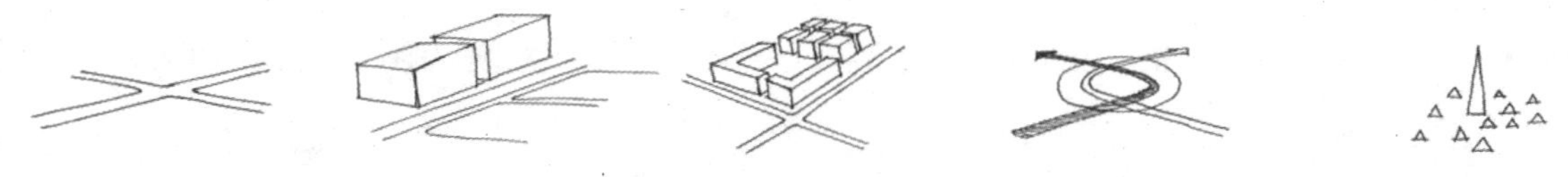

图 1-56 构成城市的五要素

成其空间的重要组成因素，也是人们实现动态观察的主要路线，因此道路是城镇景观的首要因素。

在城镇的交通网络中，主要由街道、街、巷（弄）等逐级构成。这就像人体的各种血管将血液送到各种组织细胞一样，街巷最基本的功能是保证居民能够进入每个居住单元。传统街巷既是组织交通的空间又是渲染生活气氛的场所，是邻里交往最频繁的空间，体现了一种场所人气的聚集。街道两侧的建筑一般都面向街道纵向布置，特别是沿街的店铺，成为城镇展示生活的空间，提供了现代都市生活所缺失的人文气氛。中国传统居住体系中住宅与街巷比例约为 H:D=（1:2.5）～（1:3），沿街住宅层数大多为 1 ～ 2 层。在这种尺度适中的空间里，建筑与建筑的细部、其中活动的人群，都可以在咫尺之间深切感受到街巷所营造出的温馨亲切、宜人、充满生气和趣味的生活交往空间（图 1-57）。

道路是观察者习惯地或可能沿其移动的路线，如街道、铁路、快速通道与步行道。路是构成城市形态的基本因素，其他环境因素多沿道路布局。

任何道路都以其连续性而具有特色。有些近代城市的街道只是一种交通联系的手段。街道上汽车成为主宰。近代街道既缺乏建筑形体上的限定，又缺乏建筑空间上的连续性，即使汽车与步行人各走各的道，步行人只是在树木花丛中自由地移动，它替代不了建筑空间特有的气氛与感染力。街道是一种更易构成意象的形式，在过去常被作为城市的一种浓缩了的形式，呈现给外来的访问者。它代表着生活的一个断面，历史曾形成它的各种丰富的细节。街道本身必须具有形象特色，其两旁的房子可有变化，但应属于同一家族的具有某种统一的基调，有连续感、相似性，包括十字路口，突出的应是路口空间，而不是建筑本身。

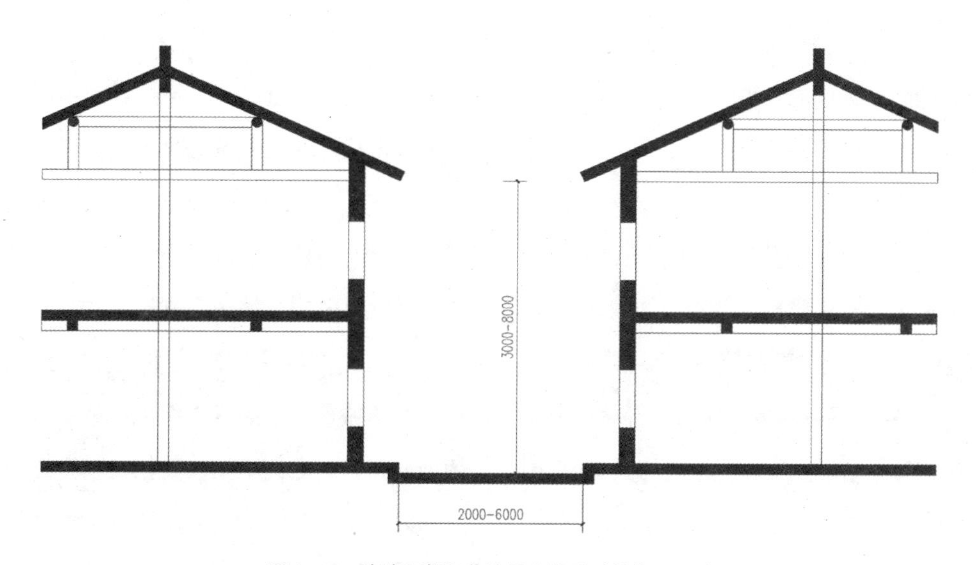

图 1-57 传统聚落街巷的尺度关系（单位：mm）

同时，道路经常彼此相通，构成或多或少均匀一致的网络，形成城市的主要骨架。根据人们的活动模式、交通工具、自然地形及城市与其周围地区的联系，形成不同特色的格局，平原地区、填海造地地区、丘陵地区、山地城市的道路模式都不一样；使用不同的交通工具，道路模式也不一样，由此构成不同的特色。有些街道的功能不仅是交通性的，还是有意义的交往空间，目的地反倒不那么重要，购物、交往的功能更显突出。

②节点

节点是城市中的战略性地点，如广场、城市道路十字交汇点或汇聚点、运输线的起始点等。城市都有中心与节点。

中心经常是城市里道路的汇聚点，是不同层次空间的焦点，也可能是交通的转换地，是城市中人类活动集中、人群集聚的地点，如广场、街道等。总之是这区域的焦点与象征，是人能够进入、并被吸引到这里来参与活动的地点。

广场是公共聚会的空间，是城市的起居室。广场与街道是城市空间最重要的因素，不仅是功能上的，还是形成城市意象的主要因素。

场所若离开历史传统，在现实生活中人们的各种活动就会失去生机。场所的物质环境、建筑与空间的形象、尺度，加上生趣盎然的人们活动、一些有历史文化意义的时间，构成所谓的“场所精神”，铭刻在人们的记忆中，形成经过浓缩的城市生活的动人意象。因此，城市设计中要创造一系列像林奇说的“鲜明而有特色，令人难忘的地点”。在城市结构中，广场与道路一样是最易形成意象的要素。

形成广场空间的要素在于有围合广场空间连续的面，而非突出环绕广场的每幢建筑的个体体量。要分清主角与配角、主体与背景，风格与时代感可以有差别，然而对比中要有呼应，整体上要有协调。广场上建筑物的立面造型是非常重要的，主要建筑物由于其他陪衬建筑的烘托，加以广场空间提供的透视角度，其作为城市标志物的作用更加突出了，往往成为城市视觉经验中的高潮。

1.4 城镇街道和广场的设计原则

随着社会经济的不断发展，我国已经进入城市化加速时期，城镇建设面临空前的发展机遇。作为其主要景观要素的街道和广场设计，自然就成为人们关注的一个焦点。

我国城镇分布地域广阔，历史文化环境不同，从而形成了各具地域文化特色的城镇。传统聚落是协调自然风景、人文环境与民俗风情的聚居群落，它浸透着融合地理环境与天人合一的设计理念。这些聚落既结合地形、节约用地、顺应气候条件、节约能源、注重环境生态及景观塑造，又运用手工技艺、当地材料及地域独到的建造方式，形成自然朴实的建筑风格，体现了人与自然的和谐共生。在因地制宜、顺应自然的设计理念指导下，传统聚落街道和广场更是创造了多意义的空间功能、尺度宜人的空间结构、丰富的景观序列和融合自然的空间变化。

近年来随着城镇化进程的快速推进，我国城镇的建设发展取得重大成就的同时，也出现了不可忽视的问题，很多城镇失去自己的特色，出现“千镇同貌”的现象。更为严重的是，不少城镇中出现了盲目照搬大中城市空间形态的做法，各地热衷于修建宽阔的道路和空旷的广场，城镇应有的亲切尺度已消失在对大城市刻意的模仿之中，影响了城镇空间形态的健康发展。因此，急需对城镇空间设计加以指导。

街道和广场是构成城镇空间的首要环境因素，也是城镇城市设计的重要组成部分，是最能体现城镇活力的窗口。它们不仅在美化城镇方面发挥着作用，而且满足了现代社会中人际交往、购物休闲的需要。因此，在城镇街道和广场的设计中要充分考虑作为街道广场所固有的现代功能需求，同时还要结合城镇自身无可替代的特色，只有这样，才能形成具有个性特色的有生命力的城镇。此外还要正确处理好适用与经济、近期建设与远期发展以及整体与局部、重点与非重点的关系。城镇特色的创造要注重坚持以人为本、尊重自然、尊重历史，这样才能创造出优美的城镇街道广场的景观特色。

1.4.1 突出城镇的空间环境特色

（1）注重挖掘城镇特色

城镇的特色系，其自身区别于其他城镇的个性特征，是城镇的生命力和影响力之所在。构成城镇特色的要素主要有自然环境、历史背景、历史文化，建筑传统、民俗风情，城镇职能和主导产业等多方面。特色设计应以区域差异为立足点。我国地域差异明显，自然环境、区位条件、经济发展水平、文化背景、民风民俗等各方面的差异为各地城镇特色的设计提供了丰富的素材。设计工作者应善于从区域大背景中去挖掘城镇街道和广场的独特内涵和品位，把一些潜在的、最具有开发价值的特色，在规划设计中表现出来。

同时，城镇特色的设计应注重整体和综合。在特色设计中要从自然环境和文化背景出发，强调城镇特色的完整性，既要设计城镇建设方面的特色，也要设计产业发展的特色，不能追求单一方面。单纯的、独立的某一景观和某一产业构不成城镇整体的特色，必须要有相关的自然条件、历史文化传统、建筑风格、基础设施等环境背景以及社会支撑体系和相关产业的发展与之配套。

（2）充分利用自然环境

自然环境是影响城镇特色的基础因素。自然环境对城镇特色的作用可以从自然环境背景和城镇场地环境条件两个方面考察。前者主要指城镇在大尺度自然环境中所拥有的地理气候、风水环境等；后者指城镇区位的地形地貌和建筑空间等环境特征。

在以往的城市建设中，人们往往强调要改造自然，即以人工建筑环境取代自然环境，由此带来了对自然生态的破坏。近年来，人们逐渐认识到城市中自然要素的宝贵，因而寻求城市与自然、人工建筑与自然山水生态环境的融合与呼应，在城镇的城市设计中更加注重利用自然环境特征来创造空间特色。例如，在长江中下游地区，河网密布，或丘陵起伏或一马平川。据此，在城镇街道和广场设计中，就应将山丘、水体和水系作为一个重要的环境要素来塑造其环境与空间，借以体现江南水乡城镇的特色。诸如依山傍水城镇、滨湖城镇、河网城镇等。而在山地城镇设计中则要强调城镇与山体的关系，依山就势布置建筑，活化建筑空间，集约利用平地，从而形成完全不同于江南水乡城镇的形象。

1.4.2 创造城镇的优美整体景观

（1）运用城市设计理念，规划整体形象

城镇的总体规划往往对城镇形态与城镇主要空间的形成起着决定性的影响。因此必须以城市设计的理念来指导城镇的街道和广场设计。具体做法是，规划一开始，就要给城镇中心、主要街道、公共广场合理定位，并对标志性建筑、边界、空间、建筑小品和绿化、水体等环境要素统筹安排，从而为塑造城镇优美的街道和广场创造条件。

要重视街道空间设计。在不少城镇中，城镇空间可能主要是围绕某一条街道发展起来的。街道又与街坊相连，相互咬合渗透。街道把周围的自然与人工环境景观、对外交通等与城镇连接起来，从而形成完整的街道空间。当人们漫步在这一或直或曲的街道中，领略街道空间时，就会感受到形色纷呈、步移景异和地域特色的城镇风貌。街与坊的空间组织和景观设计要处理好以下几个问题：城镇街道与周围自然地形地貌的关系；沿街用地功能、环境要素的组织；

街道末端对景的处理；沿街建筑的造型尺度、风格与色彩以及街道绿化和小品的配置设计等。

要重视节点设计。节点是城镇空间形态的一个重要组成部分，包括：道路交叉点、广场、标志性建筑或构筑物等，这些节点通常是城镇不同空间的结合点或控制点，是人们对城镇形象记忆的关键所在。近年来城镇的景观节点设计已经受到公众的关注和政府的高度重视，但遗憾的是节点设计手法大都照搬大、中城市的设计手法——不锈钢雕塑、大理石或花岗石铺地、几何形规则图案，与城镇物质空间形态很不协调，丧失了城镇的地域特色。这是应当引以为戒的。城镇的景观节点设计应结合城镇独有的地域特色和环境条件，采用适宜的手法，利用当地材料、传统建筑符号，并融合社会、文化传统，展现地方自然风貌和风土人情，以此来达到景观节点的实用性、观赏性、地方性与艺术性的高度统一。

（2）有序组织城镇轴线，创造景观序列

为了丰富城镇空间环境，可以通过对建筑物及构筑物等小品建筑的精心设计和巧妙安排来创造出一个又一个的景点。同时用街道和广场把他们联系起来，使其形成序列，让它们建立起相互的空间联系，功能与视觉上的共生互补的肌理，最终成为美好城镇空间的有机组成部分（图 1-58）。

组织城镇空间的另一手法是采用轴线的串联，让不同的城镇空间有机联系起来，轴线就是城镇布局结构中的“纲”，具有纲举目张的作用。

城镇轴线有人工轴线和自然轴线之分，人工轴线主要指街道、林荫道等，自然轴线则主要以自然绿带河流为代表（图 1-59）。

道路是城镇川流不息的动感舞台，是城市活力所在，人们的各种活动都必须通过道路来完成，合理的路网是取得城镇整体秩序最有力的手段。城镇

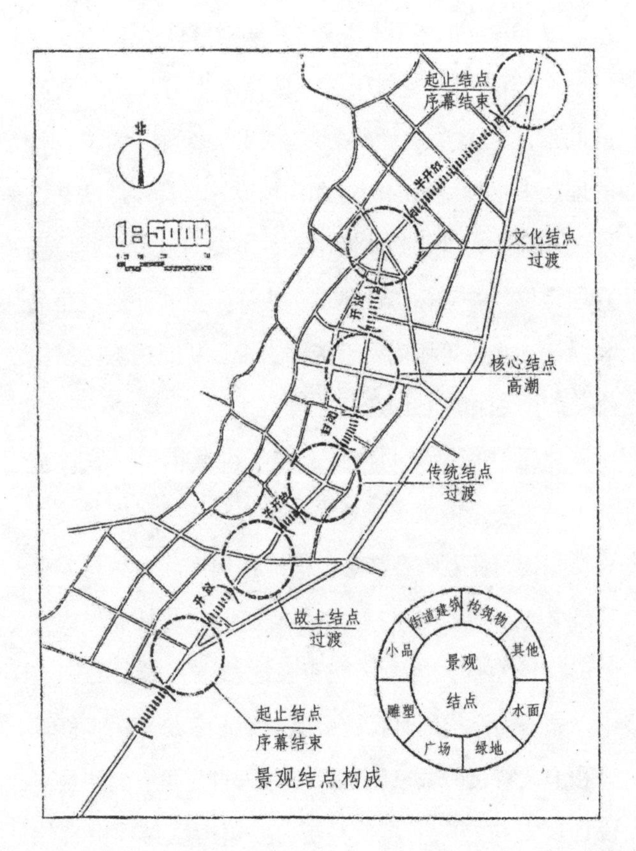

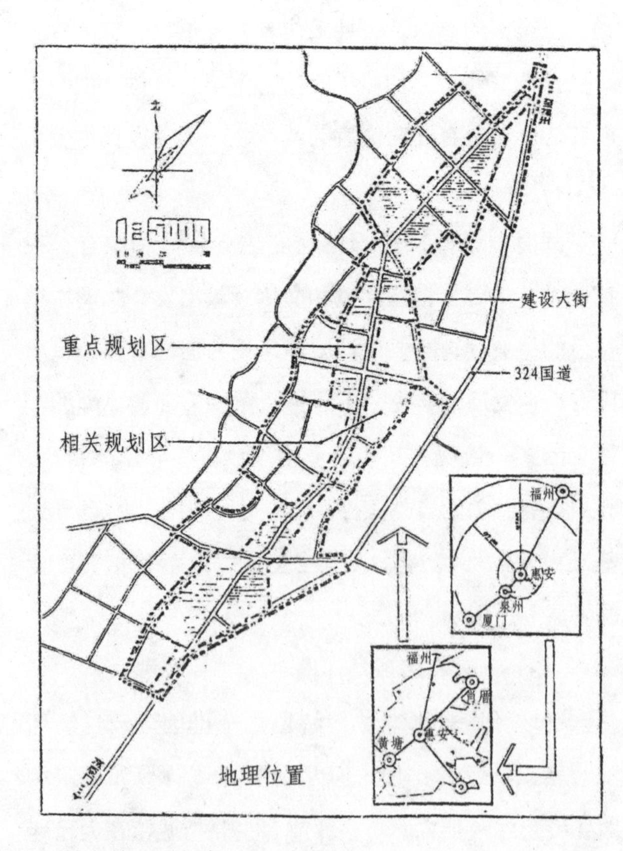

图 1-58　螺城镇建设大街收放自如的景观序列

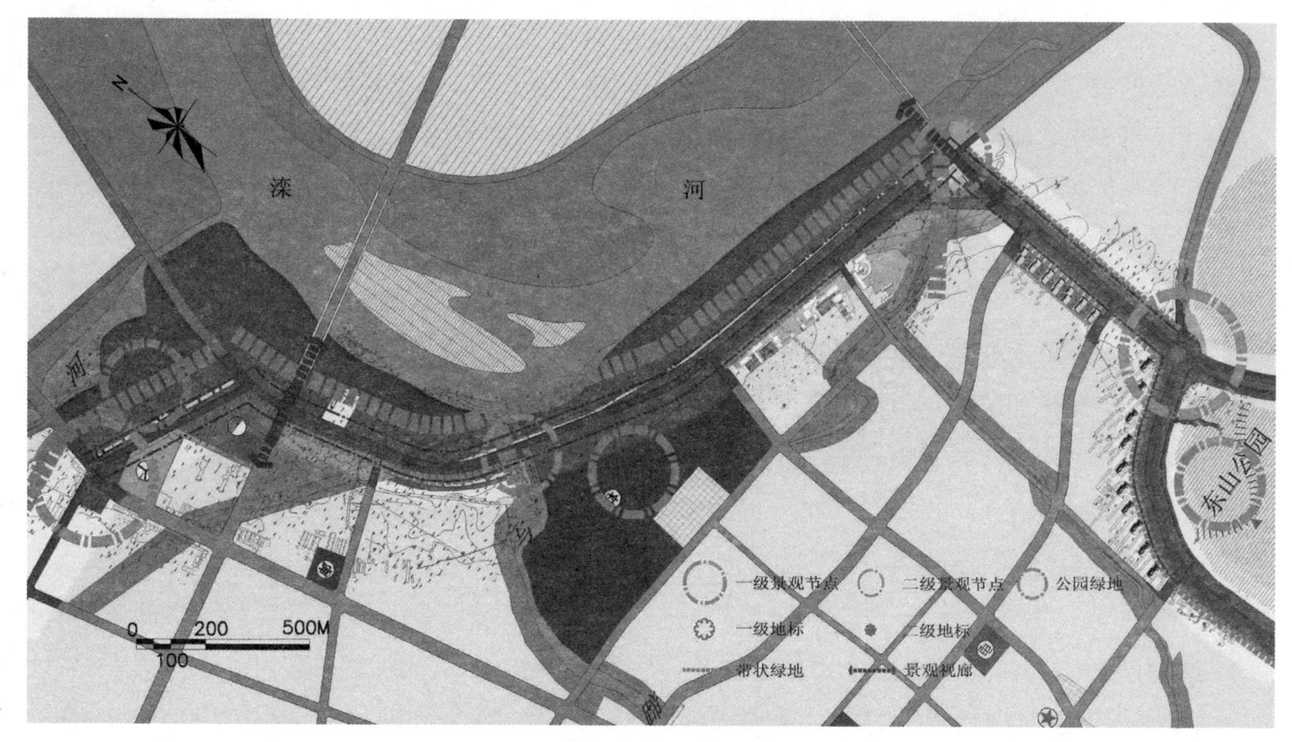

图 1–59 迁西县东环路街道景观序列

道路的功能、宽度、曲直、长短对城市的影响很大，不同的形态具有不同的效果与感受：笔直宽阔的大道使人们视野开阔，一览无余，有利于创造舒展宏伟的气势，但也容易使人们产生单调、空旷的感觉，不便于形成丰富的道路景观；曲折的道路则步移景异，空间层次丰富，透视感强，亲切生动。经验告诉我们，不能简单地、不加分析地追求道路的直、宽、长，而要将城镇道路的格局形式同希望表达的空间内涵和意象结合起来综合考虑。

1.4.3 树立城镇的人本设计理念

（1）营造独具活力的城镇生活气息

城镇不仅仅是作为人工环境的简单物质存在，它更是一种生活方式，一种人与自然的关系，一种人与人的社会关系的物化工程。城镇是人造的建筑空间，是自然环境条件对人们工作、生活需求的综合体现。可以说，城镇的社会生活是城市空间最活跃的因素，如果把城镇生活理解为人间剧目，那么城镇空间就是表现舞台。因此，在设计城镇空间时，必须十分关注场所与社会活动的互动，一方面，空间是社会活动的载体和展示场所，另一方面，社会活动又为城镇空间创造活力和个性，建筑空间与社会活动只有互为依托，彼此互动，才能演绎出多彩的城镇历史，才能构成有意义的经久不衰的场所空间。

同理，要创造生活型城镇，就要把生活的因素放到城镇设计的重要位置，营造居民的生活环境，使城镇变成风光秀丽、有利生活、方便生活、具有浓厚人情味的工作生活空间，变成民众喜爱的且富有浓厚归属感的生活城镇。

（2）创造尺度宜人的城镇街道和广场

空间形态和尺度的控制与把握是城镇空间规划设计中一个举足轻重的问题。

传统城镇大多具有以人为本的、亲切宜人的尺度，其设计的主要依据是徒步出行，可称之为步行尺度。而目前的城镇建设，热衷于开大马路的风气盛行，规划设计人不去研究道路两侧的建筑与道路断面的比例关系，凡事以“大”“宽”为先，往往造成城镇街道尺度失调。同时，各地建设了不少大体量的广场，全部采用硬质铺装，缺少必要的功能划分和空间处理。人们置身其中只会感到空旷渺漠，根本不会有亲切感，因此，人们很少在广场停留，这种大而不当的广场只能成为城镇宣传图册上徒有虚名的画面。

城镇的街道和广场就像城镇的脉络，将城镇的空间编织起来，形成和谐统一的城镇空间。但是如果将不当的尺度运用于城镇空间中，就会破坏城镇的和谐美。大、中城市有大、中城市的尺度，城镇有城镇的尺度，城镇如果盲目照搬大、中城市的尺度，按照大、中城市的“体量”建设，显然是不合适的。随着城镇规模的扩大，机动车交通的介入，城镇应当建立怎样的空间尺度关系？步行尺度还能在多大程度上运用？这正是从事城镇，特别是街道和广场设计的规划建筑师应该审慎研究和处理的问题。

总之，在当代城镇的街道和广场设计中，应树立以人为本的设计理念，注重突出城镇的空间环境特色和宜人的比例尺度的运用，要用“城市设计”的理念和方法创造出优美的城镇景观。

（3）开发颇具魅力的城镇夜空间环境

随着社会的进步、经济的繁荣、都市的国际化以及人类文明程度的提高，“日出而作，日落而息”已不再是唯一的生活方式，丰富的夜生活成为许多人的选择。这种变化要求我们必须充分开发、利用夜生活环境，使其服务于人类。利用现代先进的照明技术手段，创造一个舒适宜人的夜空间环境已成为城镇规划设计中的重要工作。

城镇的夜景景观同白昼景观一样，它们的质量在一定程度上反映出该城镇的历史文化底蕴、社会经济发展状况、居民的生活水准以及城镇建设能力。城镇的夜景景观建设有着重要的社会意义、经济意义和环境意义。城镇设计的目的是提高城镇的环境质量和城镇景观艺术水平，其中也涵盖了城镇夜景景观质量和夜景观艺术水平。实际上设计夜景景观就是在组织人们的夜生活，使生活在夜空间环境中的居民百姓都能获得精神与物质的满足。城镇夜景景观规划的核心是贯彻以人为本的原则，依据人们夜间公共生活的行为需求，创造适宜的丰富多彩的夜环境。

城镇夜生活有公共性和私密性两大类。前者是一种社会的、公共的、外向的街道或广场生活（图1-60～图1-65）；后者则是内向的、个体的，自我取向的生活，它要求宁静、私密和有隐蔽感（图1-66、图1-67）。这两者对城市空间有着不同的要求。但是，由于夜晚人们的群聚意识、自我保护意识、安全意识增强，所以要求夜晚的私密空间又带有公共的色彩。

图1-60　广场喷泉的夜景

图1-61　广场雕塑夜景

图 1-62　商业街夜景

图 1-63　福建泰宁状元街夜景

图 1-64　福建泰宁状元街的夜景照明

图 1-65　某镇政府办公楼夜景

图 1-66　安静空间的夜景照明

图 1-67　私密空间的夜景照明

在夜间，有安全性的私密空间不宜设于城镇偏僻、隐蔽感强的地方，而公共活动场所相对安静处是人们夜晚私密生活的最理想地点，空间组织应对此做出相应的支持。

1.4.4 弘扬城镇的优秀历史文化

历史是用岁月写成的，在它沧桑的印迹里饱含着的信息，对今人的价值是多方面的。

城镇及其建筑物是在特定环境下历史文化的产物。它体现了一个国家、一个民族和一个地区的传统，具有明显的可辨性。同时城镇是一个有机体，长久生生不息，并受到新陈代谢规律的支配，表现出强大的延续性和多样性。我国是一个文明古国，数千年的历史和灿烂的文化蕴含于物质实体和人们日常生活中。许多城镇含有大量的历史文物古迹和人文历史景观，富有民族特色和地方风情。因此，要运用城市设计的原则和方法，处理好城镇及其建筑物的保护、改造和发展之间的关系。应该注重内部的历史文化，使其延续，通过维护原有城镇格局、环境景观、建筑布局与风格，发扬传统文化，维护历史人文景观，并对历史文化进行深入挖掘和提炼，将它们运用到城镇建设中去，使悠久的历史文化得以延续下去。

国际建筑师协会在《威尼斯宪章》《雅典宪章》和《马丘比丘宪章》中，也集中体现了保护传统文化的内容。我国《中华人民共和国文物保护法》和《历史文化名城保护规划编制要求》也为城镇的传统文化保护提供了法律保障。有些城镇中保留着国家级或省市级的重点保护文物，但全国还有很多城镇具有地方特色的文物和历史环境没有被列入国家保护范围。因此，在城镇建设中，除保护国家公布的文物外，还要加强具有地方特色的城镇历史环境的保护，通过保护、继承和发展地方特色历史环境促进城镇的可持续发展。

同时，也应该注意到，各个城镇的差别很大，除了自然地理环境、民族和地区文化差异外，它今天面临的内在和外在条件也会有不同变化。比如人口数量、产业结构和居民生产生活不同需求，各个城镇与区域、中心城市在交通、交往、产业的链接、信息发达程度等方面都差别很大。用一种理念、一种思维模式、一种价值取向来简单地对待传统城镇的保护与发展是不可取的。传统城镇的保护和发展应因地制宜，制定不同的保护和发展策略。

2 城镇街道的规划设计

2.1 城镇街道的类型与功能

2.1.1 城镇街道的功能类型

城镇生活离不开街道，街道具有交通与生活双重的功能。它不仅承担着城镇的交通运输的职能，也是购物、交往、休闲娱乐等社会生活的重要空间，同时它还是布置各种城镇基础设施（如给排水、电力电讯、燃气和供暖等）的场所。

城镇的形成往往是沿着重要的交通干线形成的。人们逐渐在交通便捷并适宜居住的地点开设店铺为过往的客人提供服务，并从事一定的商业贸易活动，先是由点到线逐步形成一条街，待人口聚集、市场繁荣以后，一字街发展成为十字街，居民住宅就在十字街周围兴建起来，随着人口聚集规模的扩大而逐渐形成城镇。

在交通工具不发达的时代，街道一般来讲既承担着交通运输的功能，同时也是商业贸易的场所，这时的街道交通功能和生活功能是密切结合在一起的。从一些古代的书画作品（如《清明上河图》）中能够看到这种场景，行人和街上过往的车、轿等互不干扰，自在地在街道上交往、购物、闲谈，甚至观看各种杂耍表演等。直到现在，一些经济不太发达的城镇，还能看到居民在街道中洗衣服、晾晒被褥、小孩玩耍、邻里交往，居民生活温馨、闲适、悠然自得。

同时，在我国传统的城镇中，很少设置专门的广场，大多以较宽街道空间或公共建筑入口前空地作为节日中举行活动的场所，这时可以说传统城镇街道不仅承担了一般意义上街道的功能，同时也兼具了广场这一公共活动场所的功能。这种功能在现代城镇建设中得到了传承，即使在我国现在城镇的街道中也经常可见，像秧歌、庙会等一些传统的民俗活动依然经常在这种特定的街道上进行。

一般来讲，可以将城镇街道分为交通性街道、商业街、步行街和其他生活性街道。

（1）交通型

交通型街道在城镇中主要承担着交通运输的职能。这些街道通常连接着城镇不同的功能区或者是不同的城镇，满足城镇内部不同功能区之间或城镇间的日常人流和货流空间转移的要求。它们通常与城镇的重要出入口相连，或是连接城镇内部的一些重要设施、功能分区，如城镇主要商业中心、广场等等，通常兼有交通与景观两大功能。这些街道上交通量大、速度快，一般不宜沿道路两侧布置吸引大量人流的商业、文化、娱乐设施，以避免人流对车行道的干扰，保证交通性街道上车流的顺畅。

城镇的交通型街道由于主要供机动车行驶通过，街道上的行人交通相对较少，街道的观赏者主要集中在行进的车辆中，因而，一般来讲，交通型街道的线型较顺畅，街道两侧通常有较完整的绿化，两侧的建筑物一般比较简洁，强调轮廓线和节奏感，没有多余的装饰，以适应快速行进的观赏者，并偶尔布置一些大型的标志物或雕塑来丰富街道景观。

这种以交通功能为主的街道，由于对街道的线型、宽度等方面的要求同传统城镇的街巷尺度、格局、街道交叉口处理等方面存在一定的矛盾，如街道两侧停满汽车的交通性街道，城镇中的传统街道难以满足现代交通的需求，一般来讲这类街道主要分布在传统城镇的外围或新建城镇中。也有部分传统城镇为了满足快速发展的需求，将原有城镇的主要街道改造拓宽以满足交通的需求，但是大规模的改造不仅破坏了原有街道的格局和空间特点，而且也同时改造了街道两侧的原有建筑，这种改造带来的往往是城镇特色的丧失。

（2）商业型

商业街与步行街是城镇中的生活型道路，一般来讲它们地处城镇或区域中心，是主要的购物场所。商业街是由一侧或两侧的商店组成，是最普通的购物空间形式，其道路是生活型的，有大量的步行人流。几条商业街在一起便构成商业区，这时商业区内的道路一般不通行机动车，停车场可设在商业区之外，以减少步行者和机动车之间的矛盾。商业街的街道要有足够的宽度，并适应商业街的空间性质，车行道部分不宜过宽以避免将其他交通大量引入，并便于行人在街道两侧往来穿行。宽的街道对交通是有利的，但对购物空间来讲，却是一种不安全的环境，在满足商业街自身交通需求的情况下，街道应尽可能的窄一些，以利于增加街道的商业气氛。

商业街不宜过长，过长的商业街容易使人感到厌倦，同时也很难保证其性质和规模，因此为了改善商业街的气氛、适应人们的心理要求，一般将商业街设计成较短的街道，或通过街道空间的变化使购物者感到是有限的空间，这样较容易受到人们的欢迎。如在一些过长的商业街，可通过街道路线的弯曲或利用凸出的建筑物来改变长直线街道空间，增加空间的变化，以有利于改善商业街的气氛和适应人们的心理要求。

在商业街的中心可以布置广场以为购物者提供休息的空间，并应设置花坛、坐椅等满足购物者的需求。由两条商业街相交形成的十字街是传统的形式，在两条商业街相交处形成十字街的中心广场，这种广场布置的关键是在道路的前方形成对景、封闭视线，使十字街四角的建筑成为视线的焦点。

由于过去对道路功能认识的不清，在一些城镇中，利用商业街作交通干道，或在主要交通干道上建设大量的商业建筑企图形成商业街的做法非常普遍，这种做法无疑给交通产生许多混乱，对交通管理十分不利，同时也给购物者穿越街道带来困难，造成很多不安全因素。商业区的道路在规划设计时应作为生活型道路而与交通型的道路区分开来，因此商业街道的断面应适应于商业街的购物特点，主要用于生活性交通，而不应该将其他交通引入。

（3）漫步型

商业步行街是城镇街道和商业街的一种特殊形式，是为了满足购物者的需求，缓和步行者和机动车交通之间的矛盾，增加繁华街道的舒适感而设置的。商业步行街通常设置在城镇中作为步行人流主要集散点的中心区，一般来讲，这些街道不仅满足本地居民在闲暇时间逛街、购物、文化、娱乐和休憩的要求，同时也作为城镇的“客厅”，承担着接待外来游客、展现城镇魅力的重要职能。

步行街的主要功能是汇集和疏散商业建筑内的人流，并为这些人流提供适当的休息和娱乐空间，创造安全、舒适、方便的购物环境。在步行街区里没有车辆，行人可以选择脚下感到舒适的人行道，并且不再受到车辆的干扰，人们可在街道上自由漫步，因而步行街也被称为“步行者的天堂”，街道也随着成为道路式的广场。

步行街普遍提高了城镇中心区开放空间的空间质量，提高了街道空间的舒适度。由于城镇规模、人口等多方面的原因，使得城镇商业步行街同大中城镇商业步行街相比较，规模和尺度更适合于步行人流的活动。图 2-1 是湘西凤凰古城的步行街。例如德国弗莱堡市通过将交通的优先权交给轻轨车，将旧街道改造成步行区，使得一度为汽车交通所破坏的欧洲传统的城镇生活空间重新得到恢复，成为真正亲切宜人，充满活力的城镇心脏（图 2-2 德国弗莱堡市中心的步行街）。

由于在这些区域聚集的步行人流数量大、密度高，且步行速度慢、持续时间长，因而需要在街道上设置绿地、座椅、花坛等较多的休息设施，来适应城镇中心区人流活动的特点，满足来此活动的不同人群的需求。步行街的各种街道设施的设置都是为行人服务的，街道的空间变化，构成街道界面的两侧建筑物的高度、体量、风格、色彩以及路面的铺装、座椅的设置、植物的配置、色彩的搭配等都要满足使用者——行人的行为、视觉和心理的需求。例如，黄山市屯溪区位于安徽省皖南山区中心部位，城镇依山带水，风景秀丽。屯溪老街位于城镇中心，全长 1200 多 m，共有大小店铺 260 余家，绝大部分铺面保持着传统的经营特色和地方风貌。有的店铺已有上百年历史，并保持了前店后坊的传统格局。20 世纪 50 年代末，为开辟通往机场的道路，老街曾面临被拓宽、拆毁的危险，但屯溪市政府最终做出决定：保留老街，在北面另辟新路。1985 年，清华大学建筑系完成了老街历史地段保护与更新规划，确定的目标为：①保护屯溪山清水秀的自然景观和古色古香的老城风貌；②保护老街历史地段传统格局和建筑；③逐步改善老街历史地段城镇基础设施、交通条件、房屋质量以及生活环境；④保持老街商业繁荣；⑤增加老街绿地和各项服务设施，以适应旅游事业发展需要；⑥建设好滨江地区，处理好沿街建筑与山水空间环境的谐调以及新旧建筑之间的关系。因此，目前屯溪老街已成为一条空间尺度宜人的步行传统商业街。

图 2–1　湘西凤凰古城的步行街

图 2–2　德国弗莱堡市中心的步行街

（4）住区型

从功能上来讲，生活型街道是为城镇各个功能分区服务的，解决功能区内的交通联系问题，为功能区内的人流、货流的移动提供空间。其他生活型街道指的是城镇内部除商业街、步行街以外的生活型街道，由于城镇范围内居住用地占据大部分建设用地，因而生活型街道多为居住性质。

由于功能区内部需求的复杂性，所以在这些街道上交通方式也比较复杂，有各种机动车、人力三轮车、自行车和行人等。交通方式的复杂使得交通组织的难度远远超过了交通型街道，保证各种出行方式的安全与方便，尤其是非机动车和行人的安全与便捷是此类街道设计的主要目标。与此同时，由于这些街道是城镇中居民日常生活活动的主要场所，是人们停留时间最长的街道空间，因此在街道空间和设施的配置上既要满足上述多种功能的要求，又要在街道景观方面满足各类人群的需求，创造具有吸引力的街道空间，提高街道的可识别性。

居住区道路是城镇的生活型道路，主要用以联结住宅群，服务当地居民，供步行、自行车及与生活有关的车辆使用，同时还可能有步行的道路系统作为车行部分的补充，在大的住宅区中主要道路也通行公共交通车辆。

由于这类街道两侧主要安排的是住宅建筑及与居住区配套的学校、商店等服务设施，因而街道应保持安静的生活气氛。街道两侧的建筑性质应加以控制，不宜安排过多的增加交通量的公共建筑，以免将大量交通引入住区内部。同时，应安排好居住区街道的空间环境，按照行人优先的原则布置，街道空间环境应有利于人在其中的活动。具体措施如控制车行道宽度、限制车速，尽量增加人行道的宽度，设置足够的绿地及座椅等必要的设施，以满足行人交往、休憩等的需要。图 2-3 是欧洲小镇住宅区街道，图 2-4 是美国好莱坞的住区街道。

（5）绿荫型

林荫路，一般指的是与道路平行而且具有一定宽度的绿带中的步行道，有的布置在道路的中间，有的在路的一侧或布置在滨水道路临水的一侧，主要用作步行通道和行人散布休憩的场所。也有的把道路两侧栽植高大乔木，树冠相连构成绿荫覆盖而成为林荫大道。

林荫路是城镇步道系统的一部分，和各类步行通道一起共同构成城镇的步行系统。其作为街头绿地又可作为城镇绿地系统的一部分，以弥补城镇绿地分布的不足，并为行人提供短时间休息的场所，因

图 2-3　欧洲小镇住宅区街道

图 2-4　美国好莱坞的住区街道

而对步行道、绿化、小品、休息设施等都有一定的要求。

林荫路的布置形式应根据道路的功能与用地的宽度，以及林荫路所在的地区、周围环境等因素综合确定。一般以休息为主的林荫路，其道路与场地占总用地的 30% ~ 40%，而以活动为主的林荫路，道路与场地占总用地的 60% ~ 70%，其余为绿化面积。在林荫路的入口处可设置小广场，并可设置喷泉或雕塑等，作为吸引人的景观标志，同时也起到美化城镇街道环境的作用。

2.1.2 街道空间类型

主街形态是整个城镇性格的主要体现，因此这里主要讲主街的空间类型。

（1）以居住为主的封闭型

传统农业聚落相对较为封闭，与外界接触不多，呈自给自足的生活模式，主街主要供聚落内部联系使用。街道较为狭窄，两侧以居住类院落、房舍为主。

（2）以交通为主的开敞型

开敞型主街一般位于城镇的外侧，房舍多位于主街的一侧，另一侧为开阔的农田、草地或林地。主街更多地承担了过境交通的需要，街道相对宽阔，能负担较大的交通量。

（3）以商业为主的半开敞型

有些聚落商业较为发达，主街成为主要的商业活动场所，日常往来人流较大，街道两侧以商业铺面为主，空间呈现半开敞形态。街道气氛较为活泼，具有浓郁的生活气息和活力，如图 2-5。

2.1.3 街道与广场的关系

街道与广场有密切的关系。广场需要通过街道与其他功能相连。与广场相连的街道可以分为环绕型、单一型、放射型等。街道与广场的发展目标如下：

①应满足使用功能

②要保持适宜的尺度

图 2–5 主街的三种空间类型：封闭式（左）、开敞型（右下）、半开敞型（右上）

③要与水系相协调

④要有适当的密度

2.2 城镇街道的道路交通

2.2.1 路网结构

主街的形态决定了整个城镇的格局。主街与地形、地貌、气候等密切相关。

主街形态主要有条形（一字形）、交叉形（如十字形、三叉形）、并列形（两路平行）、环路形（道路闭合呈“口”状）、格网形等。

（1）条形主街

这种聚落多沿河流或山势的走向发展而来，主街沿河流或山势延伸，房舍以主街为骨架延伸发展聚落。从主街垂直分支出一些支路，使聚落在宽度上也有一定的发展。

川底下村（爨底下），因在明代“爨里安口”（当地人称爨头）下方得名。位于京西斋堂西北狭谷中部，新中国成立前属宛平县八区，现属斋堂镇所辖。距京 90km，海拔 650m，村域面积 5.3km^2，清水河流域，温带季风气候，年平均气温 10.1℃，自然植被良好，适合养羊，养蜜蜂。爨底下是国家 A 级景区。全村现有人口 29 户，93 人，土地 280 亩，院落 74 个，

图 2–6　北京爨地下村中的条形主街

房屋 689 间。大部分为清后期所建（少量建于民国时期）的四合院、三合院（图 2-6）。

一条街道将村落分为上下两部分。民居以村北的山包为轴心，呈扇面形向下延展。依山而建，依势而就，高低错落，以村后龙头为圆心，南北为轴线呈扇面形展于爨底下村两侧。村上、村下被一条长 200m，最高处 20m 的弧形大墙分开，村前又被一条长 170m 的弓形墙围绕，使全村形不散而神更聚，三条通道惯穿上下，而更具防洪、防匪之功能。爨底下是北京市的市级文明单位，市级民俗旅游专业村，2003 年被国家建设部、国家文物局评为首批中国历史文化名村。其历史，文化艺术价值来说，不仅在北京，就是在全国也属于珍贵之列。

（2）交叉形主街

广东惠东县平海古城在县城平山东南 53km，建于明朝洪武十八年（公元 1385 年），迄今已有六百多年的历史，历来是海防军事重镇和惠州南部地区海运进出口的咽喉。元末明初，盗寇猖獗，民不聊生。洪武年间，明太祖派花都司到平海建造城池，抵御外侵。“城周五百二十丈，高一丈八尺，雉蝶八百七十一，城门四座。”平海建城设所后，又设立平海巡检司署，平海营参将署，平海营中军守备署，还设有平海仓，为直隶归善县屯粮机构。清康熙至嘉庆年间，在平海城前沿相继筑有大星山炮台，盘沿港炮台，墩头港炮台、东缯头炮台和吉头炮台、筑成一道道壁垒森严的海防线。古城墙周围 1700 多 m，高 6m，川烧制的砖垒筑、有 720 个城斗眼。城上有四楼：东楼“晏公爷”，南楼“协天大帝”，西楼“华光大帝”，北楼“玄天大帝”。四庙：东北角“玄檀爷”，东南角“阿庙妈”，西南角“张飞公”，西北角“包公爷”。四局：火药局、冲口局、军账局和沙尾局，城内四条街正向 4 个楼和门，并交叉呈十字形。有二座衙门：守府衙门和大衙门。9 个水井以及义学、盐厂、城隍爷、文章公，东岳庙、龙泉寺、榜山寺、普照庵、城外有八景，西门外设置军士练武场。日换星移。古城建筑大部分已毁，经过多次修缮，而今，4 个楼门仍保存完整。城门建筑坚固。各个城门厚 10.5 ～ 14m，高 3 ～ 4.2m，外宽 2.5 ～ 3.6m，内宽 3.2 ～ 3.5m。垫脚用整齐的石块，青砖砌墙，砖线整齐划一。城楼建筑精巧，在各殿顶、脊壁、檐口、殿堂，或雕刻，或镶嵌陶瓷，山水画玲珑剔透，人物神态逼真，呼之欲出。可见，当时人建筑呕心沥血，既在建筑防盗上做文章，以显得气势磅礴，雄伟堂皇。

历经 600 年沧桑，平海古城至今仍较完整地保留着四座城门楼、部分城墙、完整的十字古街、大部分古民居以及一批古寺庙、古文化遗址和大量的历史文物。在城内，还保留着绚丽多姿的民间传统艺术。到平海古城观光，可观赏到众多的名胜古迹。

十字古街贯通于平海古城东西南北城门楼的街道，即“十字古街”。与古城连接在一起，显得和谐得体。街道至今仍保持一排排、一座座古代民居的风貌。这些民居多是均衡对称式平面方形砖屋，为府第式、围龙式、四合院演化而来的综合结构。

城内的街道两侧在现代的影响下，有了很多的改变，变成了新旧建筑同时存在的一个地方，但是其街道形式仍然保持着古时十字街交叉的布局。到处有着石门石窗，石板路也偶尔可见，多的是满眼可见的古老墙壁，多是用金砂土垒起，经过多年风吹雨打，斑痕可见，苍凉中却也是一种坚韧。

（3）并列形（两路平行）

江西婺源县清华镇历史沿革，清华是千年古镇，以“清溪萦绕，华照增辉”而得名。唐开元28年（公元740年）始建婺源县，县治设清华，唐天复元年（公元901年）迁弦高（今县城紫阳镇），历时161年。中华人民共和国成立前夕，清华属新华乡，建国初属鄣西区，1950年为县第五区区政府驻地，1958年为清华人民公社，1960年改为国营鄣公山垦殖场清华分场，1984年5月恢复清华镇。

清华镇的历史非常悠久，唐朝开元年间婺源县建制时县治就设在这里，后来才迁入紫阳镇。镇上有一条主要大街，街道两旁有很多店面。离开主街，在通往彩虹桥的青石小巷里可以看到一些古旧的民居。出城边可以看到始建于南宋、已有八百年历史的彩虹桥，该桥因唐诗“两水夹明镜，双桥落彩虹”而得名，是一座典型的廊桥。它全长一百四十m，由六亭、五廊构成长廊式人行桥。每墩上建一个亭，墩之间的跨度部分称为廊，因此在当地也叫廊亭桥，这座桥现在是省级文物保护建筑。沱川理坑：这是婺源县境内古建筑最集中、保存最完好的样子。通往村子的路是青石板路，行走其上不沾泥泞，其村口有一座名为“理源桥”的廊桥，有浓郁的文化气息。村中主要的古建筑有明代吏部尚书余懋衡修建的“天官上卿府第”，明末广州知府余自怡修建的“驾睦堂”以及“司马第”“九世同居楼”等（图2-7）。

清华镇位于星江河上游，生态优美，又是唐代的古县治，具有浓郁的“四古”特色，文化底蕴深厚。其中位于原古县衙内的唐代苦槠是清华悠久历史的见证人。还有宋代廊桥——彩虹桥，长寿古里——洪村，胡氏老街、岳飞方塘等古色古香的景观都成为了今天发展旅游业的丰富资源，引得了无数海内外游客纷至沓来。每年彩虹桥景区接待游客就高达数十万人次，该景区先后被评为“4A级旅游景区”和“最具海外人气旅游景点”。洪村还被评为中国民俗文化村。

清华镇的古建筑风景较集中，有老街，虹桥，“从”字木桥等景点。老街位于清华镇大桥与虹桥之间，长达1.5km。彩虹桥被誉为“中国最美丽的廊桥”，是省级重点保护文物，她有悠久的历史，建于南宋，已有800年的历史全长140m，由六亭，五廊构成。从远处看古风古迹保存完好。关于彩虹桥还有一段传说：当年清华村有一位出家的和尚胡济祥与一位能人胡永班。很想为清华人建一座永久性的桥。首先，由胡济祥云游四海，用三年多的时间化缘，筹集到一笔巨款。然后由水利，桥梁专家胡永班负责设计，建造，施工，历时四年多在完成。在桥即将竣工，封盖最后几片瓦时，正是一个傍晚时分，西边的山背上出现了一道亮丽的彩虹，夕阳透过了与层，倒映在水中，构成一幅美丽的图画。当时胡济祥，胡永班见到此景，认为是吉兆，立即叫村里人放鞭炮庆祝，将桥取名为“彩虹桥”。后人为纪念两位先人，在中间亭子立碑，以示永世不忘。

图2-7 清华镇八景图中的平行主街布局

（4）环路形

李坑是一个以李姓聚居为主的古村落，距婺源县城12km。李坑的建筑风格独特，是著名的徽派建筑。给人一种安静、祥和的气氛。李坑自古文风鼎盛、人才辈出。

自宋至清，仕官富贾达百人，村里的文人留下传世著作达29部，南宋年间出了一位武状元，名叫李知诚。村落群山环抱，山清水秀，风光旖旎。

李坑古村四面环山，明清古建遍布，保存完好，房屋属徽派建筑，基本都是明清时期外出经商、求学发达的商人或官员建成的，古建粉墙黛瓦，宅院沿苍漳依山而立，参差错落；古村外两条山溪在村中汇合为一条小河，溪河两岸均傍水建有徽派民居，河上建有各具特色的石拱桥和木桥。河水清澈见底，河边用石板铺就洗菜、洗衣的溪埠。山光水色与古民居融为一体，相得益彰，活生生一幅“小桥流水人家”宁静景象。

（5）格网形

平遥古城位于山西北部，是一座具有2700多年历史的文化名城，与同为第二批国家历史文化名城的四川阆中、云南丽江、安徽歙县并称为“保存最为完好的四大古城”，平遥古城的交通脉络由纵横交错的四大街、八小街、七十二条蛐蜒巷构成。

南大街为平遥古城的中轴线，北起东、西大街衔接处，南到大东门（迎熏门），以古市楼贯穿南北，街道两旁，老字号与传统名店铺林立，是最为繁盛的传统商业街，清朝时期南大街控制着全国50%以上的金融机构。被誉为中国的“华尔街”。

西大街，西起下西门（凤仪门）、东和南大街北端相交，与东大街呈一条笔直贯通的主街。著名的中国第一家票号——日升昌，就诞生于古城西大街，被誉为“大清金融第一街”。

日升昌票号创建于道光四年（公元1824年），遗址占地2324m^2，用地紧凑，功能分明。百年沧桑，业绩辉煌，执全国金融之牛耳，开中国民族银行业之先河，并一度操纵十九世纪整个清王朝的经济命脉。其分号遍布全国30余个城市、商埠重镇，远及欧美、东南亚等国，以“汇通天下”著称于世。日升昌票号创立后，先后有介休、太谷、祁县相竞效仿。

东大街，东起下东门（亲翰门）、西和南大街北端相交，与西大街呈一条笔直贯通的主街。

北大街，北起北门（拱极门）、南通西大街中部。

八小街和七十二条蛐蜒巷，名称各有由来，有的得名于附近的建筑或醒目标志，例如衙门街、书院街、校场巷、贺兰桥巷、旗杆街、三眼井街、照壁南街、小察院巷等；有的得名于祠庙，例如文庙街、城隍庙街、罗汉庙街、火神庙街、关帝庙街、真武庙街、五道庙街等；有的得名于当地的大户，例如赵举人街、雷家院街、宋梦槐巷、阎家巷、冀家巷、郭家巷、范家街、邵家巷、马家巷等；古城东北角有一座相对封闭的城中之城，类似于古代城市中的坊，附近的四条街道也就被命名为东壁景堡、中壁景堡、西壁景堡和堡外街；还有一些街巷则已经无法探究名称来历了，例如仁义街、甜水巷、豆芽街、葫芦肚巷等。

（6）支路

支路是干道以下的、联系城镇各个单体建筑和其他场所的道路，一些较小的末级支路被称为巷、夹道等。

支路有鱼骨状、放射状、格网状等形态，以主街为骨架，与主街形式相配套。

2.2.2 交通组织

（1）传统聚落的人车混行方式

在传统聚落中，行人是街道的主角，同时会有一些牲畜、畜力车辆通行。街道交通为无组织的混行方式。行动速度均较慢。

（2）现代城镇的分道方式

现代交通工具类型多，速度差别大，因此需要分道行驶。一般的道路都采取机动车在中间，自行车

图 2-8　交通组织：人车混行（左，丽江白沙古镇）、分道行驶（中，松江泰晤士小镇）、步行街（右，丽江束河古镇）

与行人在两侧的分道方式。

道路宽度比传统聚落道路增加较多。

（3）完全或限时步行方式

以商业和旅游为主的城镇主街，开辟出步行街，隔离了机动车辆。这种街道采用全时或部分时段的交通管制措施，使主街主要为行人使用。如图 2-8 所示。

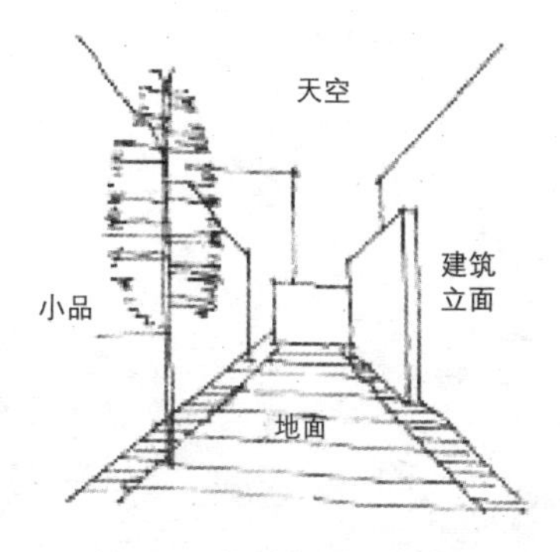

图 2-9　街道空间构成示意图

2.3 城镇街道的空间景观

2.3.1 城镇街道的空间构成

从构成角度讲，街道空间是由底界面、侧界面和顶界面构成的，它们决定了空间的比例和形状，是街道空间的基本界面。底界面及地面，也就是街道路面；侧界面也可称为垂直界面，由两侧的建筑立面集合而成，反映着城镇的历史与文化，影响着街道空间的比例和空间的性格；顶界面是两个侧界面顶部边线所确定的天空，是最富变化、最自然化并能提供自然条件的界面。除了这些基本界面外，还有许多起“填补”作用的各类装饰物，如路灯、树木、花坛、广告牌等各类街道小品。图 2-9 所示为街道空间构成示意图。

这样，两侧的建筑物限定了街巷空间的大小和比例，形成了空间的轮廓线；建筑物与地面的交接确定了底面的平面形状和大小。建筑立面成为街道空间中最具表现力的面，小品成为街道中的点缀。

构成街道空间的四要素之间存在着某种互动关系。建筑物的立面及立面层次影响着街道的体量，建筑物的体量限定了街的内部轮廓线，建筑物的底层平面限定了街道空间的平面形状，建筑小品影响着人们的空间感受。

2.3.2 城镇街道的底界面

这里所说的底界面即街道的路面，街道的路面可以是土路、卵石路、地砖路、石板路、水泥路、沥青路等多种不同材料。在我国传统城镇中，石板街是最高等级的街道，多位于商贾居住区，石板厚度在 16cm 左右，长度约 83cm，石板上可雕刻莲花等图案。一般街道中部用胭脂条石横铺，两侧用青条石纵铺，两侧铺面地平与街面有高差，道路中间的条石下多设排水沟，是城镇的主要排水设施。窄小的街道铺地多为不规则块状青石。石板街虽好但并不利于车行，木轮车行驶其上很是颠簸，所以在一些商业街中出现中间卵石路，两侧石板路的设计，这里，卵石夹土的路面既方便行车，雨天又可方便行人。图 2-10 是我国的传统街道。在西方国家则以卵石路面为佳，而现在街道的地面材料有了很大的变化，为了满足机动车交通的需要，城镇中的大部分路面都为沥青或水泥地面，仅有步行街还是以石材、卵石和各类地砖为主进行铺砌。

(a)

(b)

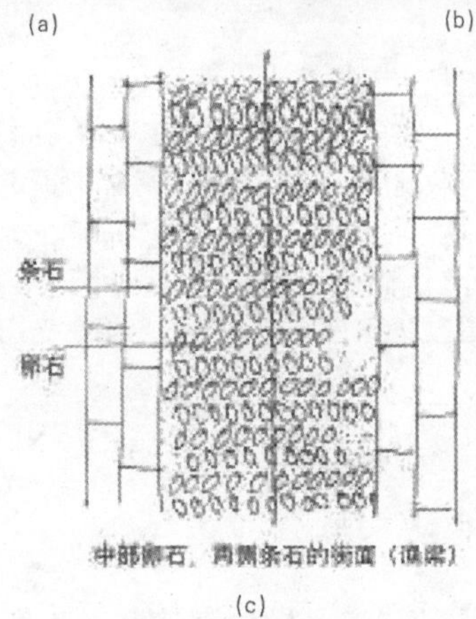

(c)

图 2-10 我国传统街道的地面材质

(a) 皖南渔梁镇的街道 (b) 渔梁镇街道铺砌材料构成 (c) 皖南潜口中部横铺、两侧纵横的路面

除了具有各种不同的材质外，街道底面的组成、底面与侧面的交接、底面的高差变化等都会形成不同的街道感受。道路底界面的组成内容会因为底界面的形式的不同而不同，道路的性质、作用、交通流量及交通的组成所决定了底界面具体采用哪种形式，这里底界面的形式根据交通种类的不同分为步行街和可通行机动车两类进行介绍。步行街由于只供行人步行通过，交通内容单一，限制条件少，所以底界面的形式可以很灵活。步行街的底界面以道路广场形式为好，除了供步行者通行的硬质地面外，为了增加街道空间对步行者的行走、坐憩和观赏的吸引力，也要求服务设施门类齐全，有休息与观赏设施，还可在街头布置出售食品或饮料的摊点和茶座。步行化已成为当前城市设计的重要趋势，步行街也成了传统的人流密集的多用途城市空间形象的代表。如美国丹佛市的林荫道步行街，就是安排了不少种植区和曲折的步行路，并在不同层次上连续使用，柔软的草坪与坚硬的人行道，两侧高大的建筑和曲折弯曲的小路，

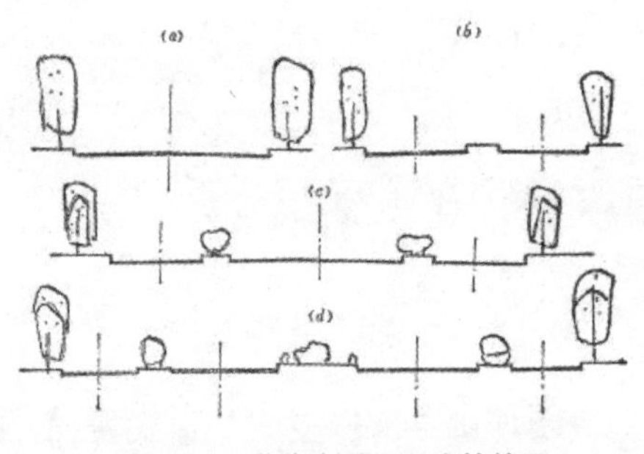

图 2-11　道路底界面形式的简图

(a) 一块板 (b) 两块板 (c) 三块板 (d) 四块板

图 2-12　明尼阿波利斯市奈卡利特林荫道街景

表现出一种鲜明的对比关系。

可通行机动车的道路由于受到机动车交通的限制，底界面形式相对固定，主要有一块板、两块板、三块板、四块板等形式，图 2-11 是道路底界面形式的简图。其中一块板道路在城镇中使用很普遍，这种底面形式的道路一般将车行道布置在中间两侧或单侧布置人行道，在一些小路上也有的不设人行道实行人车混行。这种底界面一般宽度较小，和两侧建筑围合形成的街道空间尺度较好，有利于构成良好的街道景观，对于商业街来讲也有利于商业氛围的形成，便于两侧行人的穿越。一块板街道根据街道性质的不同，交通要求的不同可以有多种灵活的布置形式，如美国明尼阿波利斯市的奈卡利特林荫道，为了减少对步行者的干扰，街道中央的机动车道设为曲线形，两侧设置人行便道，同时在便道上设置有太阳能候车室、休息座椅、花坛、喷泉、雕塑等园林小品，人行区地面均为小块磨石铺砌，座椅周边铺满花岗岩和小瓷砖，街道上树木茂盛，舒适宜人，图 2-12 是奈卡利特林荫道街景。两块板道路是在车行道中间设有分隔带区分不同方向的车流，有利于提高车速与交通安全，但中间的分隔带也阻碍了街道两侧良好的联系，商业性街道不宜采取这种形式，同时当分隔带过宽时，也会对街道的空间产生消极影响，使两侧关系松散，街道空间的整体性较差。三块板、四块板是分别在道路中间设置二条和三条分隔带，在我国目前多种交通并存的情况下，对交通组织有利，但对街道的宽度要求较高，如三块板道路一般应设置在红线宽度最低 30m 以上的街道上，四块板则要求更高，因而在城镇中的应用相对较少，尤其四块板很少应用。

在街道的底面上，除了供通行的地面外，往往还有一些地形地貌的因素存在，如底面与侧界面的交接、水体及地面高差等。在商业街中，路面往往与两侧店面有两个踏步的高差，呈现一种逐步上升的趋势，在南方的传统街道中，街道往往顺溪水而行，在路面与墙面间有一定宽度的水面作为过渡。这里路面与水面存在高差，水的流动、石岸的弯曲都是地面产生流动感。图 2-13 是街道底界面与侧界面交接的实例。在有水体的城镇中街道往往是和水面相依相伴而行，在路面与墙面间有一定宽度的水面作为过渡，根据水体的不同、水面与路面间相互关系的不同而形成各种不同的底面。图 2-14 是几种不同的水体在街道底面中组织方式的实例，图 2-15 是城镇滨邻较大水系时滨水街道的几种布置形式示意图。在山地城镇中，由于用地紧张，城镇街道大多依山就势进行建设，街道的底面也就会自然地出现了高低的起伏变化。图 2-16 为街道底面随地形坡度变化的实例。正是由于这些因素的存在和存在形式的多样化，给街道的底界面增添和很多变化的因素，在设计中如能充分利用这些条件则能创造出丰富多姿的街道空间。

(a)

(b)

图 2-13　街道底界面与侧界面交接的实例

(a) 湘西凤凰镇街道的地面与侧面的过渡 (b) 安徽宏村利用水道作为建筑与石板路间的过渡

(a) (b) (c)

图 2-14 几种不同的水体在街道底面中组织方式的实例

(a) 安徽唐模在河道两侧布置街道的水街 (b) 浙江西塘河街相邻的街道 (c) 德国弗莱堡城中心用小水渠划分不同交通空间的街道

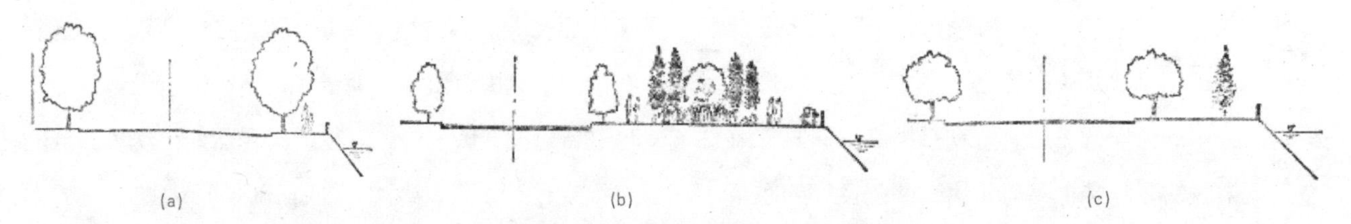

图 2-15 城镇滨邻较大水系时滨水街道的几种布置形式示意图

(a) 道路接近水面（只改滨河人行道） (b) 滨河有林荫步道 (c) 滨水有较宽的步道供步行或游憩

(a)

(b)

图 2-16 街道底面随地形坡度变化实例

(a) 加拿大魁北克老街利用地形的高差形成不同的空间层次 (b) 国外某城镇依地形走势建设的有较大坡度的街道

2.3.3 城镇街道的垂直界面

两侧垂直界面的连续感、封闭感是形成街道空间的重要因素。从形态上分析，街道空间属于一种线性空间。在城镇结构中，线性空间主要指两侧围合或一侧围合的空间。有的街道一侧为山体、水体或绿地，另一侧为建筑，这时的街道空间包括贯穿城镇的河流、城镇的边沿等元素。

街道的垂直界面是城镇空间构成的一项基本环境模式，其布置形势会对街道空间产生重要的影响，其构成形态也是有规律的。在国外许多城镇都通过各种方式对垂直界面的形态构成提出过多种多样的指导性原则和设计导引。如通过“有效界定”的概念，要求街道两侧的高层建筑在某一高度上必须设线脚，使临街建筑里面形成上下两部分，底部处理要考虑人的尺度及相邻建筑的关系，顶部处理则主要考虑远距离的视觉要求，两部分的处理应采用对比的手法，使底层部分对街道形成有效界定，减少高大体块的建筑对街道形成的压抑感。这些概念对我国当前城镇街道垂直界面的建设也很有借鉴价值，相对于我国传统建筑低矮的体量，新建的多高层建筑无疑是巨大的体量，这就要求我们在进行街道设计时，应从层高选择、材料运用、开窗比例、线脚处理和色彩选择等各个方面充分考虑与相邻建筑及街道空间整体的视觉关系，以有效保持街道垂直界面的连续性。

街道的性质会影响两侧垂直界面所围合的街道空间特征。对于生活型的街道来讲，两侧的垂直界面一般呈稳定的实体状态，街道空间相对固定。而在商业街道中，街道两侧的底层店面往往会随时建成一种有规律的变动状态：在营业时间，店面打开，街道空间可以渗透到店内空间中，取得街道扩展的效果；在非营业时间，关闭店门，街道空间恢复为一种线性体量，街道空间呈现出随店面开合的规律性变化。图 2-17 是日本某城镇商业街道，店面的开合对街道空间产生不同影响。

另一方面，街道两侧界面的相互关系也会对街道空间的形式产生影响。在传统街道中，两侧店面或民居往往力求平行，多出现平行型的凹凸变化；在生活性的街道中，由于要避免民居入口之间的门与门相对，在街道的交接部位出现许多节点空间。相对而言，巷道中的界面转折比街道多，往往出现一种折线型的界面。无论是平行型凹凸界面，还是直线型垂直界面都使街道空间构成产生变化，加之街道大多随自然地形进行平面上的转折和竖向上的升起，无形中缩短了直线长度，减少了街道的单调感。图 2-18 国外某城镇居住区街道界面的凹凸变化。

图 2–17　日本某城镇商业街道

图 2–18　国外某城镇居住区街道界面的凹凸变化

在我国的皖南和江浙地区城镇中，由于建筑紧依街道建设，两侧界面坚实高耸，街道空间范围十分清楚，街道本身具有图形性质，空间包围感很强。而在大理、丽江等地城镇，限定街道的院墙或建筑侧墙有高有低，当两侧院墙高于视线时，街道空间比较完整；当两侧院墙有一方低于视线时，街道空间就被扩展，并与民居庭院融为一体，街道空间的体量感就被削弱。

水乡城镇，沿河的街道空间是沿河地带空间的主体，其两侧垂直界面的形式非常丰富。一般沿河街道空间以露天式为主，由一侧或两侧的店铺或住宅围合成宽 1.5 ~ 6.0m 的街道空间。街道不但是交通空间，还是相邻建筑的延伸空间。从剖面形式特征上看，除露天式之外，沿河街道空间还可分为廊棚式、骑楼式、披檐式以及一些混合形式，这些界面围合的空间，是内外空间过渡和渗透的区域，成为家务、休憩、交往、商业等多种功能复合的空间。

一侧临水，另一侧由弧形小巷与陆路交通相连的黄龙溪，同四川大多数传统小镇一样，有一条主街。近 250m 长的主街时宽时窄，沿河蜿蜒伸展，如游龙一般带状布局，以寺（镇江寺）起始，又以寺（古龙寺）终结转折而去。沿江望去素瓦粉墙，绿荫浓浓，颇有江南水乡之韵味。整条街全由青砂石铺就，窄处不足 3m，最宽不过 5m，临街建筑外部封闭而对内均采用檐廊出挑或骑楼方式构成坊式街市。图 2-19 是黄龙正街两侧界面围合街道空间。这种由檐口、廊柱、台基形成的第一界面和檐柱、额枋、门窗形成的第二界面所构成的空间，既丰富了街道景观，又扩充了街的内涵。道路两侧两列廊柱将单一的街心扩展为三部分，中心道路与廊下通道，空间明暗对比强烈，光影变化十分生动，街道变得开朗而富有动感。在这扩展了的街道空间中，其功能分区显而易见地展现出来。中心道路是人们纵向快捷流动带，檐廊空间为临时摊点及人们的停留带，街道两侧的建筑则是固定店铺，从内到外，由动到静，各得其所。平日为街坊邻里聚在廊下休息、聊天、玩耍的“共享大厅”。赶集之日廊下人流陡增，人们购物、观光、逗留从容不迫，窄窄的小街秩序井然，并提供了全天候的社交、贸易场所，既是街道的半私有空间，又是居民的半公共空间，在这里街“道”的意义在增值，赋予“市”的内涵。其功能与形式的有机结合，相互之间的充分满足，使得具有悠久历史的廊坊街市仍富有颇为活跃的生命力，是乡土建筑文化的典型代表，深受人们的喜爱。廊式街道不仅有它的实用价值，其布局也强调了它的精神作用。对外封闭、对内开敞的建筑所形成的主街以其所处的构图中心位置将内部空间与外部空间的概念由单座建筑延伸至整个群体。它的内聚性使得“家”的意识充满整个小镇，整个场镇如同一个大家庭居住的院落一样，“街”是中庭，为人共享，富于生机，充满生活情趣。图 2-20 是黄龙正街的街道景观。

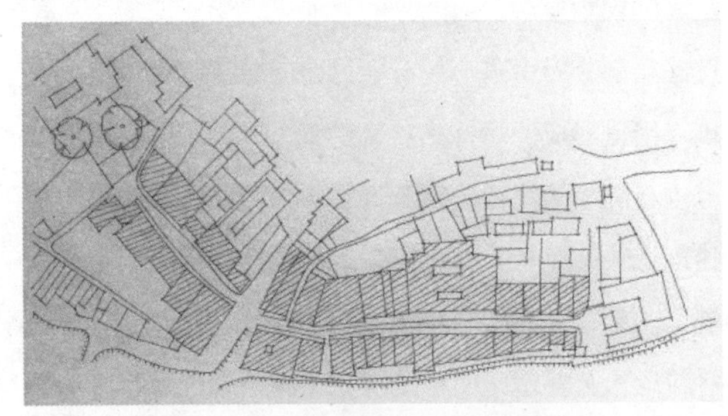

图 2-19 黄龙正街两侧界面围合街道空间
（图中阴影部分为街道两侧围合街道空间的建筑）

图 2-20 黄龙正街街道景观

在希腊和意大利，街道两侧界面以砖石结构建筑为主，街道地面的铺装一直延伸到建筑下部。这时街道受建筑形状所左右，或宽或窄、或自由弯曲、或适当交叉。由于建筑外墙上有门窗等开口，住宅内部与街道外部空间沟通，使住宅中的生活气息和内部秩序洋溢到街道上。换句话说，街道空间也属于内部秩序的一部分。

对于现代我国城镇街道垂直界面的设计来讲，由于城镇规模的限制，街道两侧构成垂直界面的建筑的数量、高度和体量较大城市相对较小，同时街道垂直界面的构成往往离不开住宅建筑这一城镇中最大量性建筑的参与，尤其是在商业街中，在大城市中已很少用的临街底商、底商上住等形式，在这里仍作为重要的形式，正是由于以上这些因素的存在使得城镇街道垂直界面的设计和布置形式有着自己独特的特点。图 2-21 是街道垂直界面的景观控制元素示意图。具体来讲，对于街道垂直界面的控制，应从建筑轮廓线、建筑面宽、建筑退后红线、建筑组合形式、入口位置及处理方法、开窗比例、开间、入口和其他装饰物、表面材料的色彩和质地、建筑尺度、建筑风格、装饰和绿化等多个方面来考虑设计与环境的视觉关系，并通过退后、墙体、墙顶、开口、装饰着几个方面来进行控制：

a．退后，包括建筑退后红线和街道垂直界面墙顶部以上的退后。由于它影响着垂直界面的连续性和高度上的统一性，一般来讲除不同的垂直界面交接的节点需作退后处理外，仅要求每段垂直界面间既要局部有适当的退后已形成适当的变化，丰富街道空间，但又不希望有较大的退后，以免破坏街道的连续性。如泉州市义全宫街的规划中，原本整齐的街道立面显得单调，空间缺少变化，设计中将沿街的一栋办公楼适当后退，在建筑和街道间形成过度空间，这一空间既为街道空间增添活力，同时作为一个缓冲空间也为建筑本身提供了一个小型的广场。图 2-22 是泉州市义全宫街规划图。

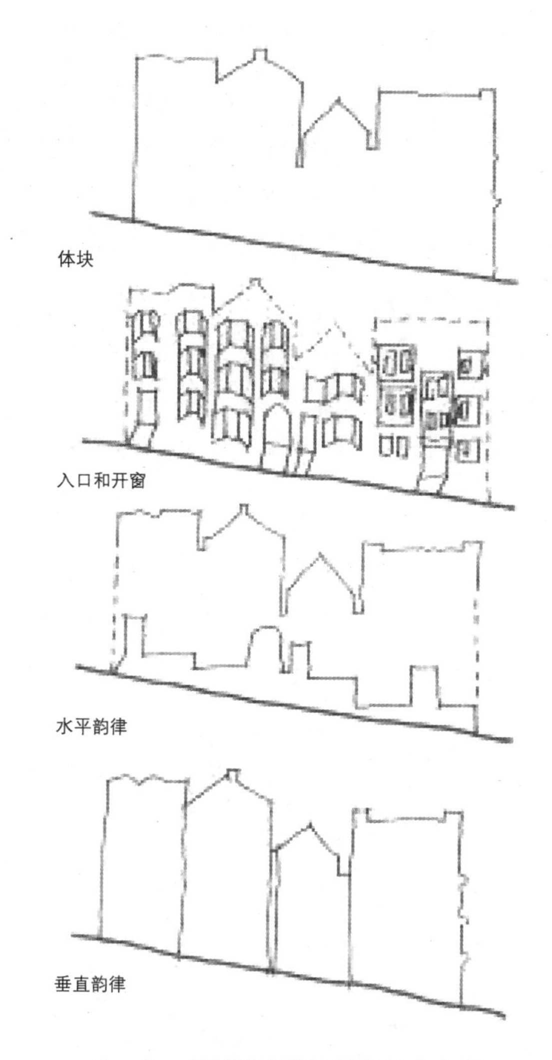

图 2-21　街道垂直界面景观控制元素示意图

图 2-22　泉州市义全宫街规划

b．墙体，指的是墙体高度的确定、水瓶划分、垂直划分、线脚处理、材料选择和色彩的运用；墙顶，指的是临街的屋顶的处理和有效界定的方法。临街建筑墙体和墙顶的设计应综合考虑当地的历史、文化及街道和建筑的特点，墙体的设计应和相邻环境相协调，同时应重点设计与人的尺度更为接近的一、二层高度的墙体。

c．开口，指实墙与开口的面积比例，开口的组合方式、阴影模式和入口的处理。开口的处理应符合当地的地方要求，和相邻界面相协调，并和传统空间特征和人们的心理要求相一致。

d．装饰，包括广告、标牌、浮雕及影像墙体的绿化和小品等。这些是垂直界面上的一些可变因素，但如缺乏统一组织，就会对街道环境造成破坏性的影响，因而在街道设计中应对这些装饰性的元素尽心组织、统一规划，在建设中统一实施。

美国旧金山市在对沿街居住建筑设计控制中，就通过对不同开间、尺度、风格、形式的新建筑对原有街道空间界面不同影响的比较来对新建筑的设计提出明确的指导，图 2-23 是美国旧金山市沿街居住建筑设计控制图。

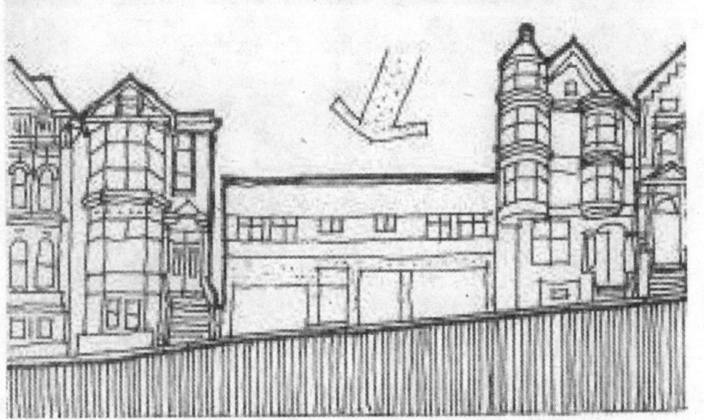

图 2–23　旧金山市沿街居住建筑设计控制（比较）图

除以上这些街道垂直界面设计的一般特点外，这里着重介绍一下具有城镇特色的由底商上宅的建筑组合形成的界面特点。这类界面根据住宅建筑和街道之间的关系的不同，可大致分为住宅与街道平行、住宅垂直于街道两类。

前一类由底商和上部住宅的主要立面围合街道，垂直界面基本上是连续的、开口较少，街道的围合感较强，空间相对较封闭。这类界面在设计中应注意临街建筑相互间的关系，选择适合当地特色，具有地方风格的建筑形式和色彩，并运用城市设计的手法，通过沿街建筑墙体的设计、开口的控制、建筑的退后和装饰物的运用，来创造错落有致的街道空间。同时为了避免诸如相邻建筑交接部分的窄小缝隙一类无需建设对街道空间的不良影响，应注意建筑的宽度和开间处理和相邻建筑间的相互关系，通过对建筑入口和相邻建筑关系的合理组织，来避免破坏街道空间的秩序。泰宁县状元街的设计就是一个成功的例子，在状元街的设计中，设计者通过对传统民居的深入研究，采用了骑楼底商上为公寓的布局形式，并通过灰墙黛瓦、坡顶和翘角马头墙的传统民居风格突出了浓厚的地方特色，与相邻的保护建筑互为呼应。其起伏多姿、变化有序的天际轮廓线十分动人，同时其高低错落、层次丰富、简洁明快的立面造型又展现了鲜明的现代气息。图 2-24 是状元街街景规划的立面图。

后一类则是由底层的店铺和上部住宅建筑的侧立面来围合街道，垂直界面的上部是由少量的墙体和相对较多的开口所组成，呈现出的是一种断续的界面，所界定的街道空间围合感较弱，空间相对较开敞。在这种界面的设计中，从维护街道空间的韵律和连续性、统一性的角度出发，应特别注意强调底层店面的连续性，将下部的商业建筑设计成水平向发展的连续整体，与垂直发展的断续的住宅建筑的侧立面形成纵横对比，共同形成一个进退、错落有致的街道韵律。

图 2-24　状元街街景规划的立面图

(a)

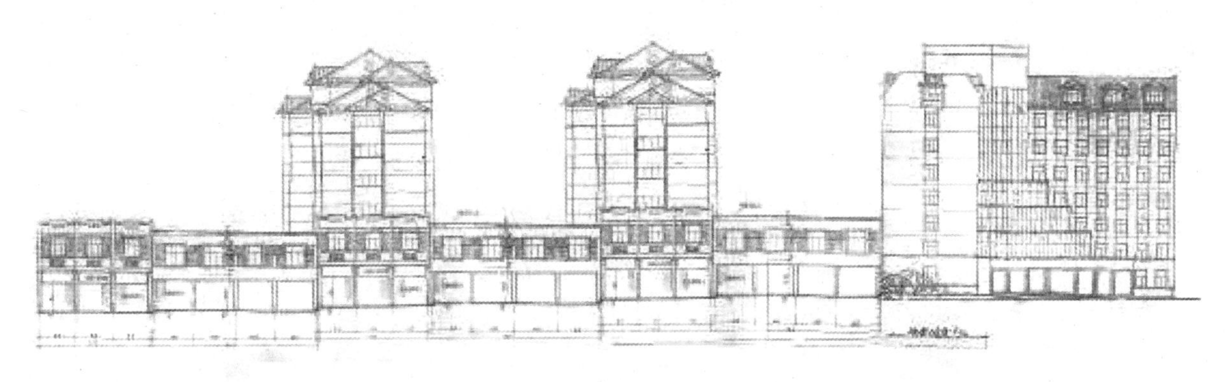

(b)

(c)

图 2-25　福建省明溪县明将路街道景观规划

(a) 明将路街景立面设计及透视图 (b) 明将路街景立面设计草图 (c) 修改后的明将路街景立面设计草图

如福建省明溪县明将路的街道设计，在设计中设计者首先通过对街道空间整体的分析，确定将街道两侧的节点适当后退，并在街道中部再做出一个开口，从而形成街道垂直界面总的秩序，之后通过对当地传统建筑形式的考察、借鉴和对设计方案的不断深化，通过对不同方案的比较最终选定了符合当地建筑特色和空间格局要求的设计方案。图 2-25 为明溪县明将路设计中不同设计方案的比较。

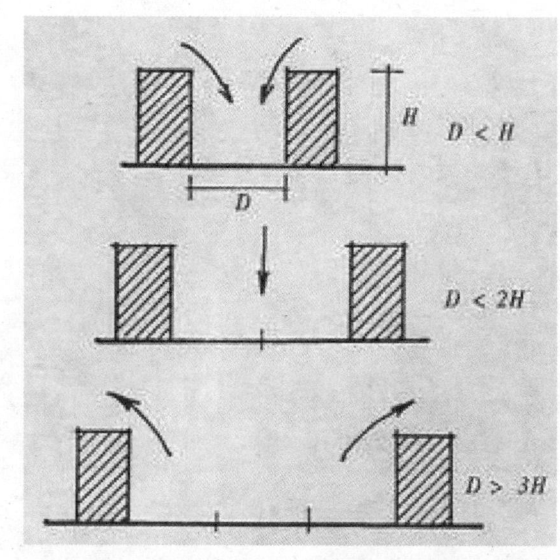

图 2−26　街道两侧建筑高度和街道宽度比值和视觉分析

2.4 城镇街道的设计构思

2.4.1 比例尺度

在城镇空间中，空间界面对于空间的形态、氛围及宜人尺度的营造等各方面都有着很大的影响，当人们行走在街道上，会由于两侧建筑物高度与街道宽度之间关系的不同而产生不同的空间感觉。有些城镇规划师认为“若要使城镇空间舒适、宜人，必须使形成城镇空间的界面之间的关系符合人的视域规律，按照最佳视域要求确定空间的断面，才能使人接受。”绝大多数优秀的城镇空间都符合这种视觉的规律。

当街道两侧建筑物的高度和街道的宽度相当（也就是 H:D=1:1）时，可见的天空面积比例很小，而且在视域边缘，人的视线基本注意在墙面上，空间的界定感很强，人有一种既内聚、安定又不至于压抑的感觉。图 2-26 是对街道两侧建筑高度和街道宽度比值和视觉的分析。

当 H:D=1:2 时，可见天空面积比例与墙面几乎相等，但是，由于天空处于视域的边缘，属于从属地位，因此，这种比例关系较好，有助于创造积极的空间，街道空间比较紧凑，仍能产生一种内聚、向心的空间，建筑与街道的关系较密切。

当 H:D=1:3 时，街道空间的界定感较弱，会产生实体排斥、空间离散的感觉，使人感到很空旷。人们使用空间时也并没有把空间作为整体来感受，而是更多的关注空间的细部，即街道中的某个局部如标牌、小品等。

如果 D:H 的比值再继续增大，空旷、迷失或荒漠的感觉就相应增加，从而失去空间围合的封闭感。D 与 H 的比值愈小于 1，则内聚的感觉愈加强，导致产生压抑感。例如在我国一些古老的城镇的街道中，D 与 H 的比例常常比 0.5 还要小些，确实给人一种压抑而又特别静谧的感觉。

我们不能一概而论地说采取哪一种 D 与 H 的比值为最好，这要看设计者期望达到怎样的感觉效果，创造怎样的环境气氛。由于日常生活中人们总是要求一种内聚的、安定而亲切的环境，所以历史上许多好的城市空间 D 与 H 的比值均大体在 1 ~ 3 之间。对比欧洲的古典街道（以意大利为例），中世纪时期街道空间比较狭窄，$D/H≈0.5$；文艺复兴时期的街道较宽 $D/H≈1$（达・芬奇研究成果）；巴洛克时期，街道宽度一般为建筑高度的 2 倍，即 $D/H≈2$。我国传统的城镇街道通常具有宜人的尺度。作为公共活动空间，街道两侧房屋高度与街道宽度的比例一般为 1:1 左右。图 2-27 是不同的尺度比例形成不同的空间感觉。

(a)

(b)

图 2-27 不同的尺度比例形成不同的空间感觉

(a) 皖南典型的传统城镇的街道空间比例 (b) 欧洲古镇高宽比接近 1:1 的街道空间

据学者统计，四川城镇街道的 D:H 介于 1 和 2 之间，这种比例使人感到匀称而亲切，此外临街铺面面阔（W）与街道宽度也有合适的比例（如阆中，巴中街道的 $W/D≈0.5$），当小于街道宽度的店面单元反复出现时，就可以使街道气氛显得热闹一些。与四川街道檐口多为一层（3.5m）不同，皖南商业街的檐口多为二层（檐口在 5.5 ~ 6.5m），街道的高宽比不同，给人的空间感受也不一样。

而在近二十年来很多城镇新建或改建的街道中，这种尺度的概念被大大的忽略了，取而代之的是宽阔笔直的路面。很多城镇的管理者为了追求气派、创造政绩，不顾城镇的实际情况，在只有十万人左右或更少人口的城镇中，建设红线大于 60m 甚至 80m、100m 的道路，但由于城镇规模的限制，一方面没有足够的交通量能对街道进行充分的利用，造成极大的浪费；另一方面，两侧的建筑也基本都在 5 ~ 6 层以下，高度不大于 20m（D 与 H 的比值大于 3），这样的高度难以对街道形成适当的围合，人们行走在这样的街道上感到空旷、迷茫，缺乏舒适感，对街道也难以形成整体的印象。

因此，为了得到适合当地特点和居民生活习惯的街道尺度，对现有街道空间的尺度进行深入细致的研究，这对城镇的建设来讲是十分必要的。新英格兰州的海滨城镇卡姆登，在 1991 年制定城镇的区划条例时，为了找出建造可居性街道的要素，对珍珠街和城里的其他一些街道的每个看得见的沿街尺度进行了测量。通过测量发现：早期的建造似乎是遵照着一条隐约的“建筑”线，在街道与房屋间创造出一种共有的关系，在不同的地段，建筑线到街道的距离不等，建筑与建筑线之间的相对关系也不同，这样形成了街道两侧各式各样的边院，有的用作车道、有的用作花园、有些用作游玩空间；街道两侧地块的大小尺寸也不相同，几乎所有的房屋都有车棚，这些车棚通常整齐地从街道处收进，形成街景的第二旋律；同时街道被舒适的围在两旁的树木和房屋之间。根据测量所得结果，对区划条例进行了修改，取得了良好的效果，规划的尺度符合传统街道的通常比例。在此之后，在其他城镇又进行了很多类似的实践，其效果得到了印证，所以可以说，为了得到适当的街道空间尺度和适居的街道空间，最好的方法就是向传统的和现有较好的街道学习。

2.4.2 空间序列

在《美国大城市的生与死》一书中，美国学者简 • 雅各布认为：城市最基本的特征是人的活动。人的活动总是沿着线进行的，城市中街道担负着特别重要的任务，是城市中最富有活力的“器官”，也是最主要的公共场所。在街道空间中，由于地形变化、建（构）筑物影响、道路转折、生活需求以及城市设计等原因，街道两侧的建筑物立面往往会有一些凹进或凸出，从而形成街道空间的变化。

日本的芦原义信在他的《街道构成》中写道：“街道，按意大利人的构思必须排满建筑形成封闭空间。就像一口牙齿一样由于连续性和韵律而形成美丽的街道”。人们习惯于把街道与乐章联系起来，把它想象成有“序曲—发展—高潮—结束”这样有明确“章节”的序列空间。通过调查发现，人们在对街道空间的认知和解读过程中，常常按各自形成的片断印象，把一条完整的街道划分成一个个相对独立的“段”，段与段之间通过在空间上有明显变化的节点连接起来，节点一般是道路交叉口、路边广场、绿地或建筑退后红线的地方，通过这些节点的分割和联系，使各段之间既有区别又有联系，进而由节点空间将若干各段连接起来共同构成一个更大的、连续的空间整体。街道空间的这一规律决定了街道设计的多样性，为空间韵律与节奏的创造提供了基础。图 2-28 所示为街道设计中节点与段的划分示意图。

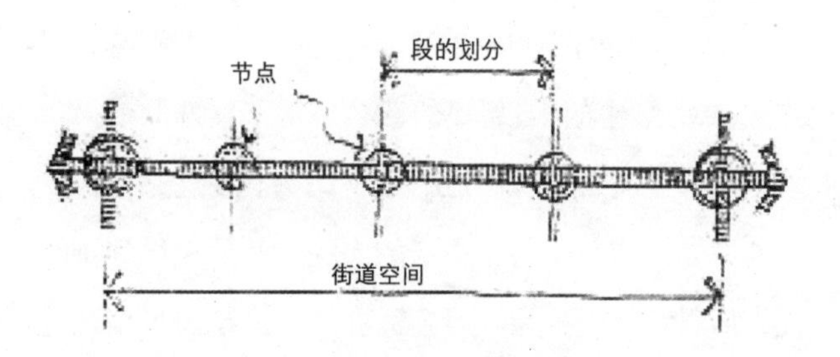

图 2-28 街道设计中节点与段的划分

节点的选择决定了每段街道的长度，长度适中的街道“段”能使街道空间既丰富多变，又统一有序。过长的连续段会使街道空间单调乏味；而段过短又会使街道空间支离破碎，容易使人疲劳、恐惧和不安。因而在设计中应结合街道段的划分，慎重选择节点的位置和数量。

由于街道的使用性质、自然条件和物质形态各有不同，划分的每段街道的位置、性质也各异，节点之间的距离（即段的长度）只能因地制宜，依具体街道的特点而定。此外，还应考虑人的行为能力、街道两侧建筑对街道空间的界定程度和节点间的建筑物的使用强度等因素。同时，在街道空间的整体设计中，围合街道空间的界面的形态构成、环境气氛的塑造，可根据各自的位置、性质不同做相对独立的处理，段与段之间可形成较强的对比与变化，创造出生动的空间序列。同时，为了避免由于街道视线过于通畅使得景观序列一眼见底的弊端，在景观序列的安排中，还可通过街道空间的转折、节点空间对景的设置、路面高差的处理等手段增加街道景观的层次，进一步使景观丰富起来。

对每一段街道来讲，其界面既应有所变化，以丰富街道空间环境，避免给人枯燥乏味的感觉。芦原义信认为“关于外部空间，实际走走看就很清楚，每 20 ～ 25m，或是有重复的节奏感，或是材质有变化，或是地面高差有变化，那么即使在大空间里也可以打破其单调，有时会一下子生动起来……可每 20 ～ 25m 布置一个退后的小庭园，或是改变橱窗状态，或是从墙面上做出突出物，用各种办法为外部空间带来节奏感。”同时同一段街道又应有明显的统一性，其变化和装饰应控制在人的知觉秩序性所能承受的范围之内，这样才能保证空间的秩序性与多样性的统一。

西津渡古街位于镇江市西北角，濒临渡口，依云台山麓，始建于唐代。历代水运繁忙，商业街道随之兴建，后来渐衰，但仍留下历代丰富的文脉。古街总长 560m，西段 270m，路平，宽约 3m，两旁多两层晚清店铺门面。东段约 290m，高低起伏，宽窄不一，东部入口段宽 8 ～ 10m。沿街有宋朝建的观音洞佛寺，元朝建的昭关石塔，清朝建的救生会、待渡亭及商铺、民居等。近代由于江流北移，渡口不存，商业逐渐萧条。但这条古街布局巧妙，集中反映了该城镇自然及人工环境沧海桑田之变化，是建筑文化的宝贵遗产。

在古街的建设中十分注重对街道韵律和节奏的把握，形成了引人入胜的街道空间序列。街道依山势由六个折线构成，创造了多变的景观。空间的高潮出现在中段最高点，以建于街中门券上的昭关石塔为视觉中心。由东段入口向中段渐进，经道道券门令人意外地发现主题。五道券门高低叠落，向视觉中心升高。

券门题词点出了空间的意义。如观音洞东券门刻“同登觉路”，西券门刻“共渡慈航”，而待渡亭东券门刻“层峦耸翠”，西侧刻“飞阁流丹”。街道空间自东向西由浓郁的宗教气氛渐转入繁荣市井及自然气氛，西段街道对景为青山，自然气息融入空间。

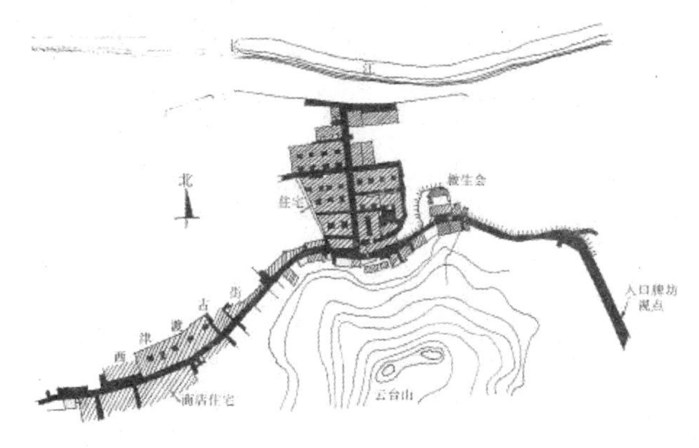

图 2-29 镇江西津渡古街平面图

该街道恬静宜人，又令人感情起伏，其中心标志通过多种手法给予加强，给人留下极为深刻的印象。图2-29是镇江西津渡古街平面图。

在湘西传统城镇中，沿主街道敞开的店堂使不算宽阔的街道空间得以扩展到室内，使室内外空间合为整体。这不仅开拓了街道空间，而且店铺中琳琅满目的货物还丰富了街道景观的色彩。垂直于等高线的街巷，在坡度较大的地段，疏密不等的石阶对窄长的街巷景观起到了灵巧自如的横向划分，人在其上下，往往会产生不同的街道景观感受。上行时街景显得封闭而景深较浅，由于踏步横向划分非常明显，因此窄长的街巷便显得宽阔了，使街巷的走向变得模糊神秘。下行时街景则显得开放，景深较远，踏步的横向划分浅淡，因而街景显得窄长深远；

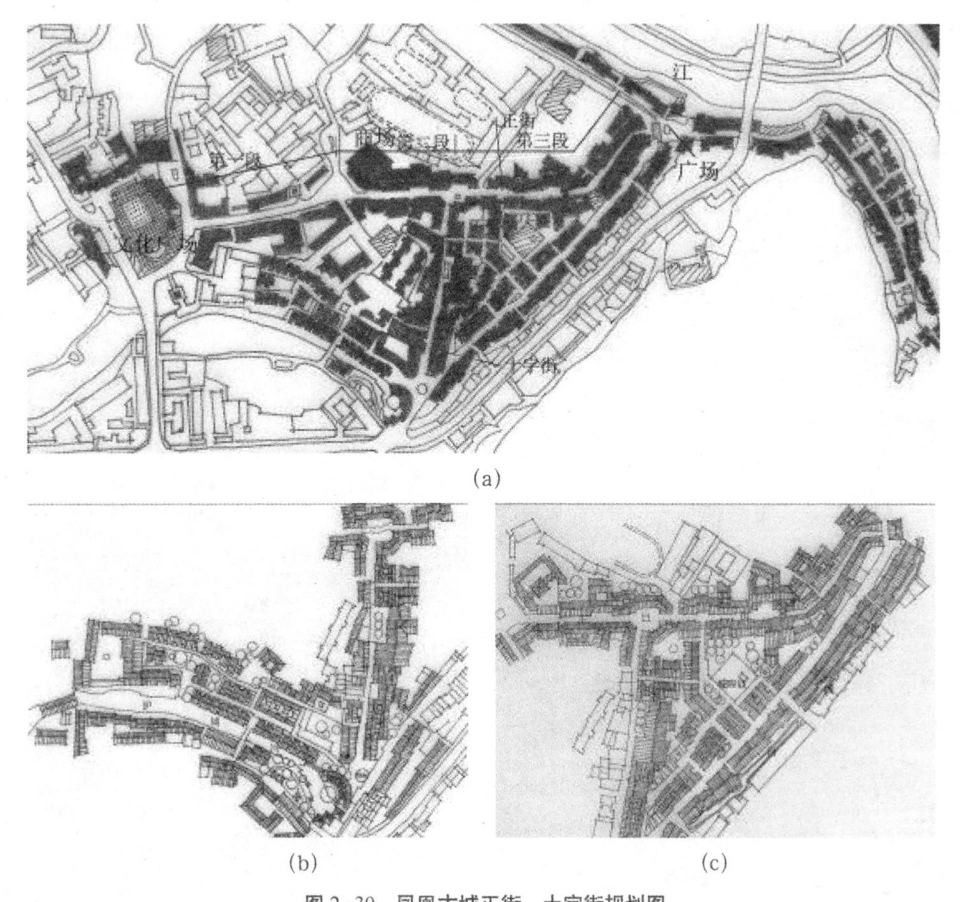

(a)

(b) (c)

图 2-30 凤凰古城正街、十字街规划图

(a) 正街、十字街在古城中的位置及正街空间序列划分；(b) 与十字街交叉形成的广场形成正街主要空间节点；(c) 十字街组团规划

由于居高临下的缘故，街巷的走向显得明确清晰。街巷的路面材料大部分为天然片石，与住宅基部或底层的片石墙面浑然一体，使得街巷的景色融汇在巧妙的统一和谐之中。

“一条石板路，一道古城墙，一湾沱江水”这一留传已久的古谣，是对凤凰古城和沱江风貌的极好写照。正街、十字街是贯穿古镇的主要街道，石板路尺度宜人，具有浓厚的乡土特色。为搞活古镇经济，规划确定建设以商业为主的综合性街道，恢复其原有的活力。正街：西起古镇中心文化广场，向东延伸至沱江畔东门，全长约 400 余 m，整条街自西至东由文化性向商业性过渡。街道被分为三段，由文化广场至单道门口，街道较宽，游人可乘车抵达，两侧以多层办公和住宅为主，在该路段的底景处，新建一座中型商场，自此，进入商业步行街，在正街的中段与十字街交汇处，形成较宽的广场，供游人驻足休息，把步行商业街分成两段，自此至东门街道逐渐狭窄，形成对东门的良好视域。东门外更新拓宽为广场，部分向沱江敞开，自正街通过城门进入广场，使人有豁然开朗的感觉。十字街：北与正街相交，南至南门（已毁）长约 160m，是古镇南北向的一条主要街道，沿街部分民居多为前店后宅，规划予以保留。原南门所在地，多年来自然形成小集贸市场，且有护城河通过，环境较好规划把该地段拓宽为集交往、购物、休憩于一体的环境；将护城河河面适当拓宽，环溪做休息廊，在休息廊看护城河对面，为一片绿地配以红亭，给人以美的享受。图 2-30 是凤凰古城十字街规划图。

在现在，对空间序列的安排仍是街道设计中进行景观和空间整体把握的重要手段，通过对较长街道空间的节点和段落的划分，一方面可以划分不同的功能区段，另一方面可以有计划、有步骤地安排街道空间的景观序列，由街道入口处的起始点开始，经过中间的过渡环节逐步到达景观的高潮，再到结束，形成一个完整的景观序列。

在蓬莱市西关旧街的改造规划中，设计者在平面布局设计阶段，以画河、街口、保留旧民居为界限，将整个基地划分为五个地段。靠北的四个地段为沿街商业和办公建筑，最南段设计为旅游旅馆。在基地的各个地段上，特别是在几处街口、河道的交叉处，突出了转角节点的变化处理，加强空间层次的变化，使前后街道空间渗透。西关路沿街一侧平面刻意设计出有节奏的韵律变化，有的突出如大门堂屋，有的缩进如深幽小巷，突出和缩进有机结合，相得益彰。不仅从平面布局上，而且从立面空间上使西关路沿街景观更丰富多彩，赋予其现代城市的空间效果。图 2-31 是蓬莱市西关旧街改造规划平面图。

在 400m 长的福建省泰宁县状元街的设计也是一例，在设计中，通过街道的两个起始节点和中间一个过渡节点的布置，将街道空间划分为三段，从而打破了原有连续有些单调的骑楼式街道空间，以远山为背景，从总体上形成起始节点（节点 1）——过渡节点（节点 2）——高潮节点（节点 3）的空间序列，同时也很好地处理了和相邻的古建筑间的联系。图 2-32 是泰宁县状元街空间序列安排。

图 2-31　蓬莱市西关旧街改造规划中将整条街划分为五个地段并形成相应的节点空间

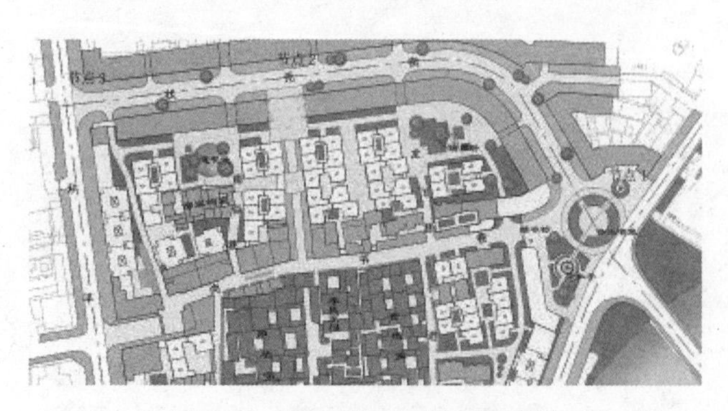

图 2-32　泰宁县状元街空间序列安排

2.4.3 节点处理

为什么当人们在我国某些古城镇 $D:H$ 小于 0.5 甚至 0.2 的街道之间漫步，并不感到明显的不舒适呢？这是由动态的综合的感觉效应导致的。我们并不是孤立地感觉一条巷道空间。在某些巷道的转弯或交汇处，经常有扩大一些的节点型空间，使人感到豁然开朗和兴奋。这一整个空间体系因其抑扬、明暗、宽窄的变化，而使狭窄空间变得生动有趣。

节点是作为街道的扩展来处理的，处在街道的交叉口或街道的特定场所，利用建筑物后退，形成一个比普通街道宽阔的空间，这个空间是作为街道的一部分并和街道紧密联系在一起的，可以看成道路空间的扩大，成为街道的节点。节点把道路分隔成若干段。

街道是城镇的主要交通空间，不同宽度、等级的街道逐级构成城镇的交通网络。而街道节点是街道空间发生交汇、转折、分叉等转化的过渡。由于节点的存在，才使各段街道连接在一起，使其构成富于变化、颇具特色活力的线性空间，将街道的各种空间形态统一成如同一首完整而优美的乐章一样的整体。从某种意义上说，街道节点就是街道空间发生转折、收合、导引、过渡等变化较剧烈的所在。

（1）转折

在街道空间设计中，设计师往往在需要转折的地方布置标志物或进行特殊处理，从而丰富街道空间，正如凯文·林奇所说："事实上，街道被认为是朝着某个目标的东西，因此应用明确的终点、变化的梯度和方向差异在感受上支持它。"

街道转折点如果和空间节点相结合就会更引人入胜，交接清楚的连接可以使行人很自然地进入节点和广场，这时节点中露出的独特标识可以起引导作用。

同时，街道改变方向的空间，也是建筑的外墙发生凹凸或转折的地方。转折处的处理可采取多种不同的处理方式，如平移式、切角式、抹角式、交角式等。图 2-33 是德国某城镇街道空间转折处的处理。

（2）交叉

在城镇，尤其是传统城镇中，街道交叉的空间往往会局部放大形成节点空间，在经过狭窄平淡的街道空间后，豁然的开敞往往会给人一种舒放的感觉。传统城镇在这种道路交叉处往往会布置诸如水井、碾盘等公共设施，成为人们劳动、闲谈、交往的场所，图 2-34 是舟山老城某居住区街道的交叉空间。

图 2-33 德国某城镇街道空间转折处的处理

图 2-34 街道交叉空间

如在屯溪老街的改造规划中，在老街入口与新改造的路段的交叉口处，设置了作为老街标志的照壁和牌楼，并结合标志设置了一个小型广场，这样一方面满足了地处交叉路口的老街入口人流集散的需求，在经过长长的有些压抑的封闭空间之后，在此豁然开朗形成一个半开敞空间，形成街道的韵律，另一方面广场和牌楼作为这一关节点的标志和街道的对景也丰富了街道景观的层次。图 2-35 是屯溪老街改造规划示意图。

又如周庄，在蚬园弄与通往埠头巷道的相交处，在转折处将蚬园弄的两侧放大，形成一个小型的广场。广场与街道通过铺地及软化的边界进行划分：广场采用青砖铺地，以铺地的变化来确定其边界，与街道的石块路形成对比；北侧广场以花坛、绿化为界，南侧以宣传栏、绿化为界。广场是不同方向街道的交叉，同时蚬园弄也成为广场的一部分，图 2-36 是周庄镇蚬园弄的交叉空间。

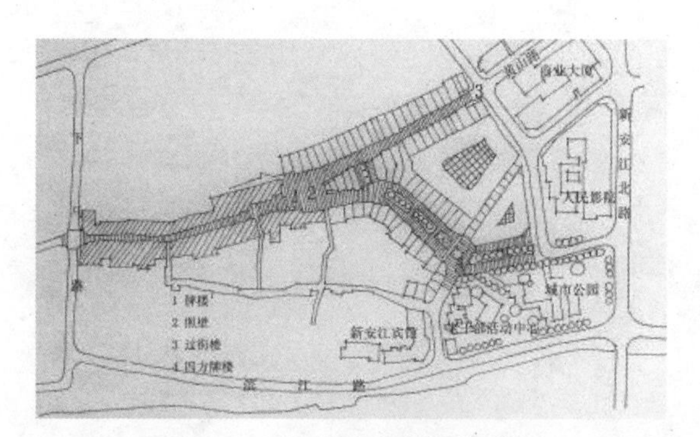

图 2-35　屯溪老街改造规划示意图

图 2-36　周庄镇蚬园弄的交叉空间

图 2-37　唐模某建筑前街道的局部扩大

（3）扩张

利用街道局部向一侧或两侧扩张，会形成街道空间的局部放大，可以在这种局部扩大空间上布置绿化，形成供周边居民休憩、交往、纳凉的场所，其作用相当于一个小的广场空间。扩大空间由建筑的入口的退后形成，是建筑入口的延伸，为居民提供驻足、休憩、布置绿化以及进行家务等的活动场所。图 2-37 是安徽唐模某建筑前街道的局部扩大。

（4）尽端

街道的尽端，常以建筑入口、河流等作为街道的起始节点，是街道空间向外部相邻的其他空间转化的过渡空间。作为街道空间的起始点，它一般也是整条街道景观序列的起始或高潮所在，因而其设计必须运用经特殊处理的建筑、开敞的空间和特色鲜明的标志等给予突出和提示。图 2-38 所示为几种常见的街道尽端空间的处理。

总之，街道空间的设计应在充分考虑周围环境影响的基础上，准确把握街道的功能、作用，并以行人步行的视觉与行为特性作为街道空间设计的出发点，以满足人的行为需求为目标进行设计。在设计中既不能一味追求宽阔笔直的景观大道，也不能片面强调街道的曲折变化，而应立足于实际情况，结合本地的现有条件在满足交通功能的基础上尽可能地增加一些空间的变化。同时，要充分发掘本地传统的街道空间的特点作为借鉴，还要有意的贯彻统一、均衡、

(a)

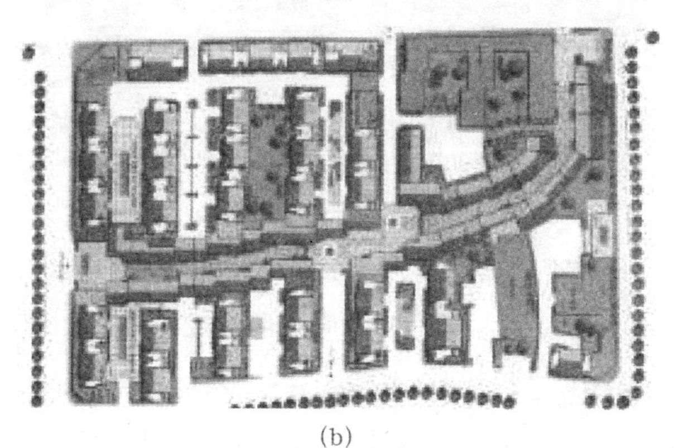

(b)

(c)

图 2–38　几种常见的街道尽端空间的处理

(a) 在街道入口处建筑局部退后形成对称的广场 (b) 将建筑后退形成街道入口广场 (c) 对转角建筑形式进行特殊处理突出街道入口

对比、尺度、韵律和色彩的运用、地方风格的塑造等原则，利用各主要节点的独特构思和节点间各区段形成变化有序的空间序列，才能营造出风貌别致、形式各异的街道景观。

2.4.4 景观特色

一条街道的特色是街道有别于其他街道的形态特征，它同城镇的特色一样，不仅包含特有的形体环境形态，还包括了居民在街道上的行为活动、当地风俗民情反映出来的生活形态和文化形态，带有很强的综合性和概括性。

城镇在其发展过程中，总会带有它的历史和文化痕迹，城镇的地形、地貌、气候条件的影响也会表现出来，由此形成自己独特的物质形态。每个城市都存在着这种特色和形成特色的潜能，我们的街道设计只有尊重这一客观事实，街道才能深深地扎根于特定的土壤之上，形成自己的特色，才能为城镇居民接受和喜爱，才能吸引参观者和游客。

对城镇特色的感受并非是设计者个人的主观臆断，而应是实实在在地通过对城镇现有街道、构成街道空间的各元素及公众印象的调查和访问，从中归纳、分析和提炼出来的，由此得出的结论才可以作为街道空间设计的依据。

除上述各元素外，街道夜景景观的设计也是街道景观的一个不可忽视的组成部分。夜景景观的塑造并非仅单纯的满足街道的照明要求，而应该是和街道本体的景观塑造紧密结合，利用照明的辅助在夜间体现景观的美，是对街道景观的再创造。夜景的塑造既能反映出街道景观面貌的多样化，是景观在时间和空间上的延伸，又在突出景观优势的同时，还可利用照明来弥补景观的某些不足。

如在泰宁状元街的建设中，考虑到该街与全国重点文物保护单位尚书第古民居建筑群相毗邻的现实环境，和泰宁县作为闽西北一个新兴旅游区的发展要求，为了体现古镇的城镇特色，在设计中特别注重将当地明代民居的传统文脉有机地融入现代建筑之中。

对整条街道进行了城市设计，采用了底商上为公寓式住宅的布局形式，以灰墙黛瓦、坡顶和翘角马头墙的传统民居建筑风格构成了浓厚的闽西北地方特色，与全国重点文物保护单位尚书第古民居建筑群互为呼应，相映成趣。那高低错落、层次丰富、简洁明快的立面造型展现了鲜明的现代气息。吊脚楼和骑楼的有机结合、带有古典装饰灯杆的庭院式

(a)

(b)

(c)

图 2–39　具有浓郁地方特色的福建省泰宁县状元街街道景观

（a）具有浓郁闽西北风格的状元街街景（b）运用了传统的元素的沿街现代建筑（c）利用地方材料红米石铺砌的人行道和花坛

路灯和颇具现代气息的公共电话亭以及阳台和空调机位的铁艺栏杆构成了传统与现代互为融汇的风韵。那起伏多姿，变化有序的天际轮廓线宛如一曲优美的乐章，十分动人。同时还充分利用当地的资源，采用了当地廉价、透水性强、耐磨防滑性能好的红米石铺设带有“盲道”的人行道以及花池与休息条石坐凳的组合。夜景工程融合古今之时空，营造出五光十色、流光溢彩的梦幻美景。这些都充分体现了以人为本的设计思想，形成了具有鲜明地方特色的街道环境。

建成后的状元街，受到了社会的高度赞许，从而奠定了泰宁古镇建筑风格的基调，同时还改善了泰宁古镇的居住环境，丰富了旅游项目，为创建泰宁旅游城镇增添了一道亮丽的风景线。目前状元街已成为一条集观光、购物、休闲等多功能为一体，颇具特色的旅游商贸街（图 2-39）。

2.4.5 街道小品

街道小品包括标志、标牌、路灯、座椅、花坛、花盆、电话亭、候车亭、雕塑等等。对于街道来讲，这些小品不仅在功能上满足人们的行为需求，还能在一定程度上调节街道的空间感受，而且由于这些小品一般处于人的视野范围内，因而还能给人留下深刻的印象。

城镇中的标志与标牌既是人们认知城市的符号，也是城镇商业活动的重要组成部分，它们往往比建筑更加引人注目。一般各类标志色彩鲜明、造型活泼，设置在人们的视野范围之内，并常常与周围环境相结合起到烘托作用，是街道和城镇景观的重要构成元素。虽然标志、标牌都可算作建筑附属物的范畴，但作为重要的街道景观元素，应该纳入街道设计的范畴，从城市设计的层面进行考虑。在城市设计时，可对标志与标牌的高度、位置和样式都作出统一规定，使其具有连续和谐的景观效果。如在福建泰宁县状元街的建设中，在规划中就要求将灯箱广告牌、牌匾和灯笼等装饰物统一设置在骑楼里面每家店面的上方，从而既保护了沿街建筑立面的纯净和清新，保持了临街界面的完整和连续，又塑造了浓郁的现代商业氛围，是一个非常成功的例子。图 2-40 是美国某城镇对建筑立面的广告招牌控制的效果。

街道小品是街道空间的重要构成要素，几个座椅和花坛，如无秩序地放在一起可能很丑陋又无空间感，但如通过设计者的精心安排也可以形成非常舒适的室外空间，因此对所有的街道设施及它们的布局都应进行精心设计。通过对这些街道设施的精心布局既可以美化街道环境，又可丰富街道空间，划分出局部的休憩、游玩的小空间，为在街道上的活动提供各类

图 2-40 美国某城镇对建筑立面的广告招牌控制的效果
(a) 改造前的街景；(b) 改造后的街景

适宜的空间支持。荷兰的 WOODNERF，作为一个人车共存的居住区街道，为了解决住宅区内人车混杂的问题，利用各种街道设施和小品将街道划分为休息区、散布区、游戏区、停车区等不同的区域，并通过绿化的布置界定出曲折的机动车通道，从而限制进入街道的机动车的速度，达到了行人优先的目的，图 2-41 是该街道的标准平面图。

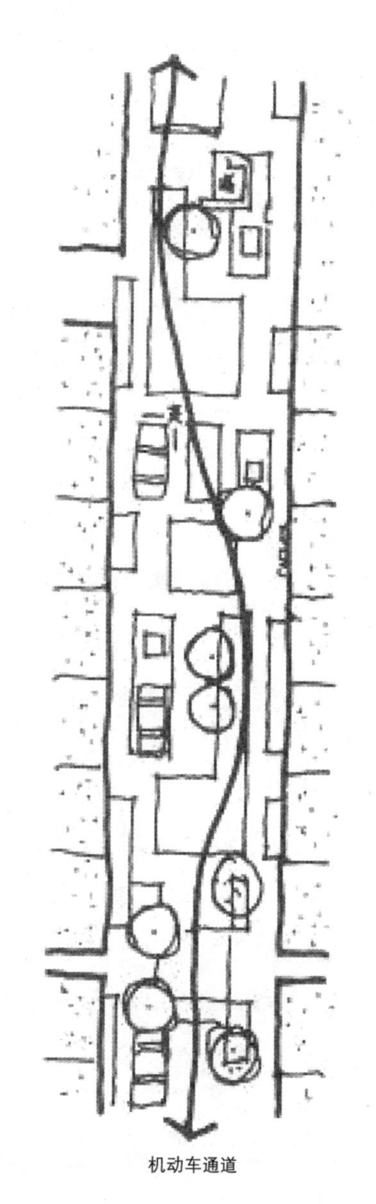

图 2-41 荷兰 WOONERF 的标准平面图

但同时在对给这类街道设施的设计中也必须注意，各类标志、小品、绿化的设计作为街道景观元素，其主要作用是对街道空间环境的丰富和补充，而不应过分强调各类街道设施，喧宾夺主，破坏街道的整体性。如对绿化的设计，商业街、步行街的绿化，如采用种植过米的高大树木，绿化就会遮蔽街道两侧的建筑和标志，破坏街道本身繁华的特点；行道树和道路分隔带的绿化如选择高大树木，则可能对一层店面和各种标识、标牌的遮挡，将道路空间分割，割断街道景观元素间的联系；而放弃高大树木大量使用草坪一类低矮植物进行绿化又难以达到绿化效果，因而在设计中应结合街道景观的组织选择适当的植物品种、适当的种植方式，进行综合布置。

又如对街道上各种灯具的布置，既要满足照明的需要，又要进行精心的设计，使其成为适合人的尺度的，同时能和周边环境紧密结合的街道景观的重要组成部分。在过去，我国城市建设的粗放管理，在街道灯具的设置中对景观和人性化长期忽视，大量沿街高大的灯具虽满足了在晚间提供街道照明的要求，但由于其高度的原因也对街道两侧居民的睡眠带来了严重干扰，这一问题在城镇中尤其严重。而实际上这一问题通过降低灯具的高度可以很容易地解决，这就要求设计者在应尽可能多地进行考量，做出合理的设计。

我国现在一些城镇尤其是大中城镇已开始重视街道小品的设计和制作，但总体来讲，目前城镇中常见的街道设施设计制作粗糙，有的既不适用又不美观，与国外相比还有相当的差距，影响了街道空间环境整体品位的提升。

2.5 城镇街道的尺度设计

2.5.1 街道场的三个层次及相互关系

在场所理论的探索中，人们可以从人与环境的关系出发，分析人与自然以及人对自然的观点，从而建立起了建筑—街道—地区—城镇的纵向场所层次结构。

按同样的方法，可以对街道场所结构进行分析，得出在街道场中同样可以建立起建筑物—街道—街区—城镇的纵向场所层次结构。

作为城镇中最公有化的空间，街道中不仅行人来往，而且车辆通行，可以随时购买、娱乐、社交、休息，是城市中最富人情味的行为场所之一。当人们在街道中活动时，街道成为"内部"，人们的感知集中于街道环境本身。

因此从建筑环境心理学的角度出发，对不同行为与街道场中各要素的相关程度进行分析，可以看出以下的规律（表 2-1）。

街道场的三个层次：通过对表 2-1 分析可以得出街道场中也具有建筑—街区—城镇三个纵向场所层次结构，即：①城镇。整体层次上的街道场。②街区。局部层次上的街道场。③建筑。细部层次上的街道场。

这三个层次上的街道场之间是互相作用、互相联系的，这种互动的关系构成了街道场。

2.5.2 街道尺度的三个层次及相互关系

街道尺度的三个层次：与街道场的三个层次相对应，街道尺度也相应分成三个层次，即：①城市。整体层次上的街道尺度。②街区。局部层次上的街道尺度。③建筑。细部层次上的街道尺度。它们分别归属于城市规划、城市设计、景观设计、建筑设计、

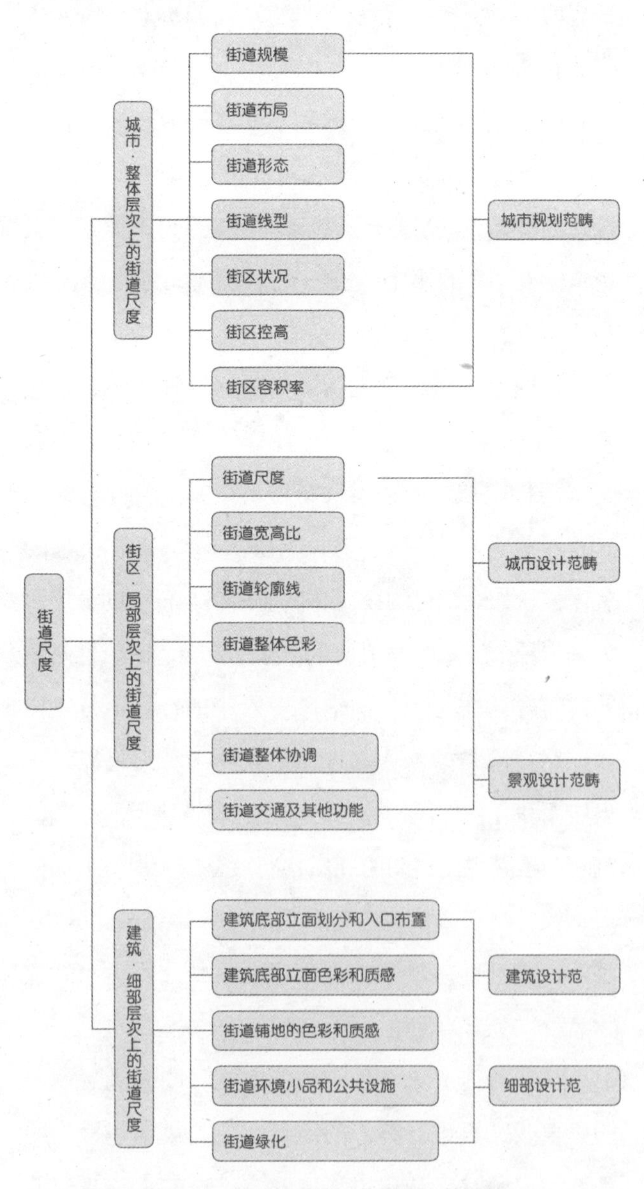

图 2-41　街道尺度在三个层次上的设计

表 2-1　街道要素与人的行为方式的相关性

街道要素 \ 人的行为方式	整体形态					区段形态					建筑形态			细部形态			
	规模	布局	形态	线型	控高控容积率	宽度	宽高比	轮廓线	建筑群整体效果	交通功能	底层立面色彩性质感	底层入口布置方式	橱窗	栏杆	铺地色彩质感划分	小品公共设施	绿化
鸟瞰	●	●	●	●	●	◎	◎	⊙	○	⊙	○	○	○	○	○	○	○
远瞰	●	●	●	●	◎	◎	⊙	◎	⊙	⊙	○	○	○	○	○	○	○
车上	○	○	⊙	⊙	◎	●	●	●	●	◎	⊙	○	⊙	○	○	⊙	⊙
行走（快）	○	○	⊙	⊙	⊙	●	●	◎	◎	◎	⊙	⊙	⊙	○	○	○	○
平台窗	○	○	○	○	○	●	●	●	◎	◎	●	◎	◎	⊙	⊙	○	○
散步	○	○	⊙	⊙	⊙	◎	◎	◎	◎	◎	●	●	◎	◎	●	●	●
逗留	○	○	○	○	○	⊙	⊙	⊙	⊙	⊙	◎	◎	◎	◎	●	●	●

注：●密切相关　◎较密切　⊙ 相关　○弱相关

公共设施与小品设计领域（图 2-41）。

三个层次上的街道尺度之间是互相联系、互相作用的。它们共同作用形成了整个街道的尺度。

2.5.3 街道尺度在三个层次上的设计

（1） 城市整体层次上街道尺度的设计

城镇规划领域内有关的街道规模、街道布局、形态、线型、城区建筑高度的控制都直接影响到街道尺度，它们控制着城镇整体层次上的街道尺度。

1）城镇整体层次上的街道尺度

是指城镇在自发或规划形成的过程中，街道系统形成的规模、布局、形态、特征等方面，它们受时代、民族、地域的影响。在设计范围内与这部分内容紧密相联系的是城镇规划领域。从城市整体层次上看决定街道尺度的因素有许多，这里对几个主要因素进行分析，它们包括：街道的规模、布局、形态、线型、整个城区范围内建筑高度和容积率的控制。

2）街道的规模

城镇的规模大小决定了街道的规模和长度。例如：周城规模有 2890m × 3320m，而明、清北京城则有 5700m × 7000m，这就决定了当时城中最长的街道也不过有 3320m 或 7000m。

城镇规模的变化同时也引起了街道的规模和长度的变迁。

城镇规模的确定在古代受统治者的思想影响很大，例如：在公元前十一世纪的《周礼・考工记》中对城镇规模的确定就有过详细的描述，这一套完整的“营国制度”是中国的尊卑上下、严格秩序的大一统思想的体现。元大都时规模定为 6600m × 7600m。对于当时的城市人口来说，规模明显过大，以至城市北部人烟稀少，到了明初改造元大都城时将北部城墙南移了五里，街道的规模和长度也随之调整。到了近代，城市的规模受功能需求的影响较大，今天的北京城由于经济的发展其规模远远超出了明清北京城，城市街道的规模也发生了很大变化。

在城镇规模不断继续膨胀的今天，马丁·华格纳在他的城市建设中提出“新城镇的规模应控制在步行可及的范围内，以保持它们富有人情味的尺度”。从而使街道的规模和长度也保持在人性的尺度下，使街道尺度更趋人性化。

3）街道的布局形式

街道的布局形式经历着一个从简单到复杂、从低级到高级的进化过程，复杂的街道布局中总包含有简单街道的合理成分，并以其为基础向前发展。而街道布局由于时代、民族、地域、气候、文化的差异呈现出多样性的特征。按路网的布局形状，大致可分为规则型、半规则型和不规则型三类，街道的布局直接影响到街与街之间的关系和街道的长度。

4）街道的组合形态

街道的组合形态可分为实体形态和空间形态两种，实体形态是指在大片的公园、绿地和广场中矗立的建筑物，建筑物成为街道的主要构成要素，这种形态称之为实体形态。

空间形态。是由实体中分划出部分的开放空间，建筑物在街道中不占有主要地位。这种形态称为空间形态。

在实体形态的街道中建筑物各自以其独特性来展示，孤芳自赏而相互之间缺乏联系。尤其是“点式”和“塔式”建筑更是以其高等的尺度给人以压迫感。在这种形态中，街道与建筑是脱节的，街道尺度是生硬的和不近人的，街道便成为仅供人们通行的“路”，而未能形成能够聚合人气的“场”，从而不能带来城镇动人的风貌。

而在空间形态中，通过统一的整体设计，每栋建筑物都是街道有机组成的部分。建筑物处于街道的整体空间中，建筑物之间是连续的和整体的。运用空间序列的组织，在维护街道空间连续性的基础上，有效地组织各种有特色的积极空间，从而在形态上对聚合人气的室外活动创造条件，也才能使街道真正成为展现当地历史文化的传承和反映当地居民生活的缩影。在这种形态中，建筑与街道是不可分的，它们之间相互依存。街道具有联系互相之间关系的作用，使其成为犹如大型商场“室内”的性质，街道是由道路两侧的建筑物组合的垂直界面所组成的狭窄空间。因此，街道即是“路”，又是“场”。现代居住区很多的基本形态就是这种空间形态，建筑既形成了内部庭院又围合了外部街道。街道尺度是生动的和近人的。

现代城镇由于功能尺度的需求，既离不开街道的实体形态，但更应寻求实体形态与空间形态的有机结合。

5）街道的线型

街道的线型也直接影响到人们在街道中的尺度感。街道的线型可分为纵向的线型延伸和庭院的扩展两种。线型的延伸就是“路”的基本形态，庭院的延伸具有“场”的特点。

线型的延伸是一般街道的概念，它由两侧的建筑物所形成的垂直界面的“墙”组合，形成简单的通道。它往往看不到终点，给人的感受是单调而乏味的。

庭院的扩展。它给人的感觉更像内庭院而不是通道。庭院的扩展基本特点是围合，而形成相对封闭的空间，可以供人们驻足停留，而汇聚“人气”。它给人以室内的氛围感受，从而可以保证有足够的场所感，这就要求街道必须限定在一定的高宽比范围内，才能形成围合的感受。

线型的延伸与庭院的扩展是一对矛盾。是“路”

与“场”矛盾的体现，其根源在于人们对流动与滞留需要的矛盾。线型的延伸更适合人们的流动、穿越，是“路”的形态；而庭院的扩展更适合于人们的滞留、驻足，是“场”的形态。流动、穿越的人群将干扰场上的活动，而场的围合与封闭也不利于街道的交通。同时，线型的延伸将流动的人群联系到整个城市路网中，街道一般性和庭院的扩展性给滞留的人们以场所感，给街道以特殊性。流动与停滞，一般与特殊均是人的需要，所以，可以认为街道应是“路”与“场”的结合，是线型延伸与庭院扩展的综合（图2-42）。

6）城区范围内建筑高度的控制

城区宏观范围内控制建筑高度，直接影响到街道垂直方向的高度控制，影响到街道的高宽比，影响到街道尺度。例如：早在18世纪巴黎已对沿街建筑高度作了规定，在旧区分为五个高度区，分别控制在15、18、25、31、35m范围内，同时建筑高度仍需根据街道的宽度决定，以及土地利用系数和基址

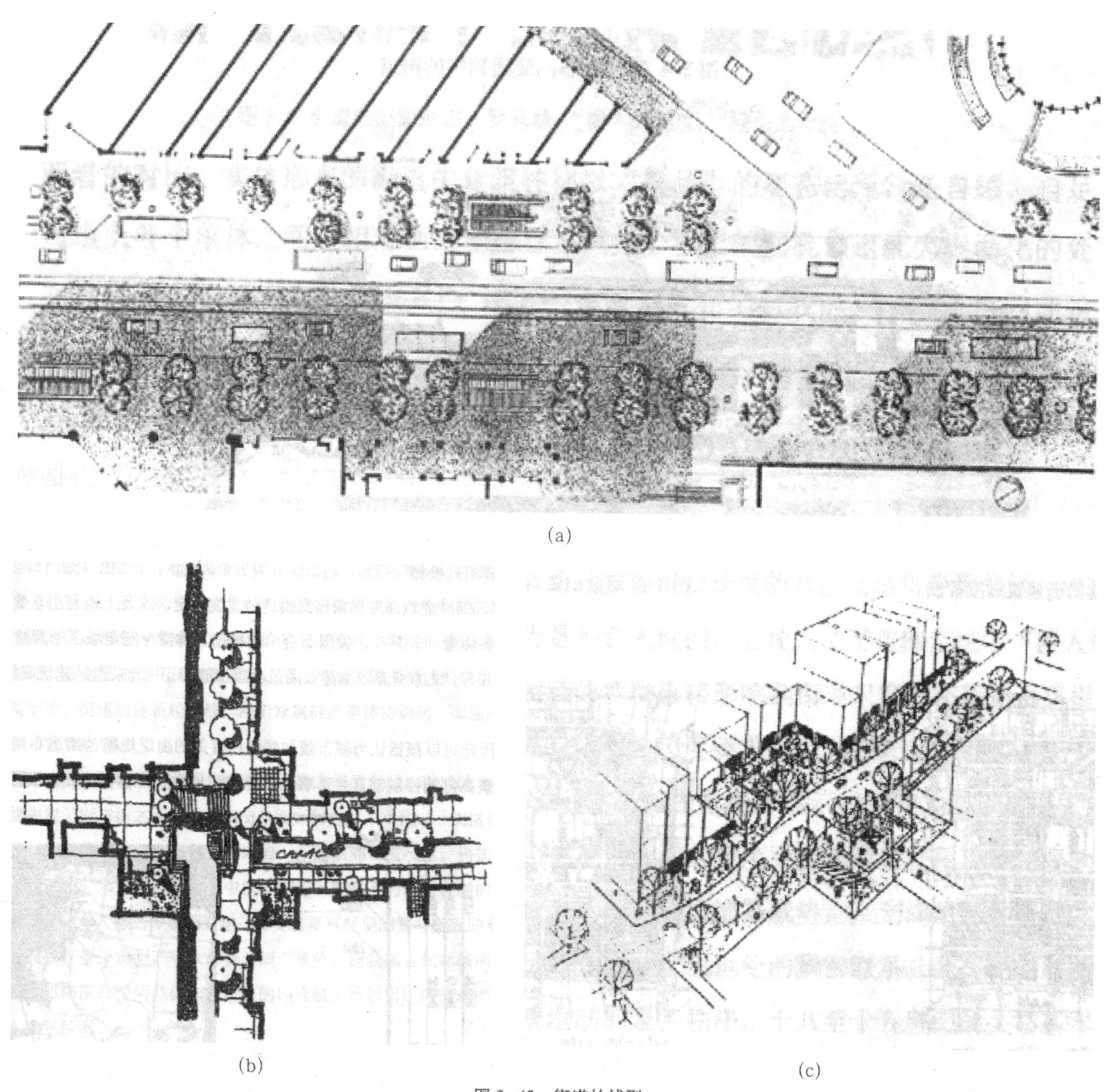

(a)

(b)

(c)

图2-42 街道的线型

(a)“线”街道的柔性化处理；(b)“路”与“场”结合的街道：苏州城内小街；(c)“路”与“场”结合的街道：东京银座大街

占有面积决定建筑体量。美国旧金山也根据具体情况制定城区的尺度控制。1985 年 6 月，北京首都规划建设委员会首次颁布了《北京市区建筑高度控制方案》。

（2）街区局部层次上街道尺度的设计

在城市设计和景观设计领域内有关街区的状况、街道宽度、街道的高宽比、街道的轮廓线、沿街建筑群的整体协调感、街道的整体色彩、街道的交通功能等都直接影响了街道尺度，它们控制着街区局部层次上的街道尺度。

街区局部层次上的街道尺度：是指人们在街道中某一区段范围内的感受。由于人的清晰视觉，超过 1600m 远的景物就无法看清，因此人们所能感受的街道常常只能是整条街道的区段局部。

在设计中与其相关的是城市设计和景观设计。在街区局部层次上对街道尺度控制起影响作用的主要要素包括：街道之间的街区的状况、街道的宽度、街道的高宽比、街道的建筑轮廓线、沿街建筑群的整体协调感、街道的整体色彩、街道的交通和其他功能等。

1）街区的状况

街区的范围是两条街道之间的区域。街道的布局、形态和线型决定了街与街之间的关系和街与街区的状况。

街区的形状呈规则的或曲折的，内向的或外向的，都影响到街道尺度。例如：古希腊的米利都城呈约 30×36m 矩形街坊；而中世纪的街区则是小巧而无规则的，其中建筑的组合是内向型的，令人感到神秘而有趣；文艺复兴时期的罗马街区则是有规则的，其中建筑沿街设置，呈外向型，令人感到开阔而雄伟；我国古代都城的建筑物布局注重院的围合，忽略院外空间，例如老北京的四合院。所以街区内建筑的组合多是内向型的，令人感到封闭。

波兰学者彼得·萨伦巴认为城市聚集区的空间尺度应保证适应人的尺度，保证人在城市环境中达到生物平衡。因此许多人性的大城市呈多中心状态，而通过城市级的街道连接这些中心，通过步行可及长度的社区街道贯穿聚集区，居住性街道以步行为基础。超尺度的街区被认为是不合人性的，它使人觉得仿佛走进了“巨人国”。实践也证明，街区的范围应控制在步行可及的距离，是较为合适的。

2）街道的宽度

街道的宽度直接影响到街道尺度。街道的宽度取决于精神尺度和功能尺度两个因素。

随着工业生产的发展、生活节奏的加快，交通工具的速度也随之逐步提高。

街道宽度的演变成为功能效应与心理效应矛盾演变的外化表现，呈现了螺旋前进的状态。因此，怎样把大尺度的街道给人以亲切感，便成为街道设计中的一个关键所在。这就要求运用各种手法（例如：绿化、街灯、灯饰、灯箱、小品、汽车站牌等）。将街道断面进行功能分区，化整为零，也就是将巨大的尺度变化为诸多的小尺度空间，以实现对街道尺度的控制。

3）街道的宽高比（H/D）

在日常状况下人在街道中保持水平视线，头和眼的转动使人在垂直方向有约 20° 的视野范围。因而产生了芦原义信的 $D/H \approx 1 \sim 2$ 为宜的理论。这便是人们在街道中所能感受到建筑高度方向给了人封闭感受的尺度问题。

据芦原义信的原理（图 2-43），$D/H \approx 1$ 空间是有亲切舒畅感，并以此为转折点，$D/H \leqslant 1$ 时，随着空间接近，就会感到非常狭窄，过于封闭；当 $D/H>1$ 时，随着逐渐远离，就会稍感宽阔。当代由于高层、超高层建筑的越来越多，街道中可循序这种关系的设计越来越少了。

4）街道临街店铺的面宽与街道路面宽之比（D）

芦原义信的另一项研究，如果临街店铺的面宽

W与街道路面宽D的比值不大于1，即$D\leqslant 1$，且反复出现，便会增强街道的节奏感，而显得热闹有生气。实践证明，每20～25m，重复的节奏感、或是材质的变化、或是地面高差有变化，都能够使大空间给予人们改变大尺度的单调感，从而获得富有生气的活力。采用20～25m行程的模数，称之为“外部模数理论”。福建泰宁状元街就是由每个单元21.6m面宽底商住宅组织的沿街立面，给人以气势磅礴、富于变化的生动感（图2-44）。

当绝对尺度超大时，即使处在$W/D\leqslant 1$或$D/H\approx 1$的街道，仍会令人缺乏亲切感。为了改变这种缺乏人气的空间感，可以对节奏线进行调整，即当尺度超大而不能改变时，可对D、W或H做更细小的划分，如D可以是用绿化分隔的不同功能空间（图2-44）；W也可用于路面、铺装、高差等的变化；H也要单指建筑物总高，它可以就建筑物对街道空间感作用最强烈的某些部分的高度（例如建筑首层部分等）详细进行局部处理。

街道尺度的变化不仅受宽度和高度的影响，曲线型的街道或有过街楼等分隔的街道也都有助于改善街道的尺度感。

5）沿街建筑群的整体协调感

建筑群体与街道的关系。在建筑设计中每座建筑物所处的位置、体量、高度和建筑物立面造型和整体效果都起到调整街道尺度的作用，只有将沿街建筑都统一在街道整体设计的概念上，才可以控制街道的整体尺度。如果忽略这种关系，再优秀的建筑物，摆在特定的街道上也是不合适的，只能成为乐曲中的不和谐的音调，而如果这种不和谐增多，街道便会失去和谐，给人以涣散和凌乱的感受，也就不能形成“场”了。

6）街道的建筑轮廓线：建筑轮廓线的起伏变化也是影响街道尺度的重要因素。街道包括的建筑轮廓线是形成街道的气势，展现街道神行之所在，其中包括沿街建筑立面造型形成的天际轮廓线和沿街立面造型及其建筑组合立面的层次起伏。

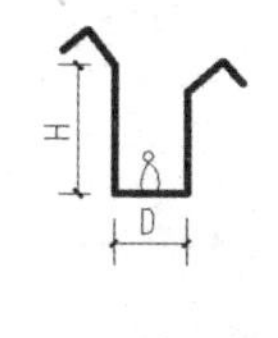

$D/H\approx 0.5$

被城墙包围的中世纪的城市街道

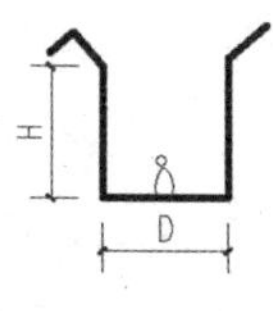
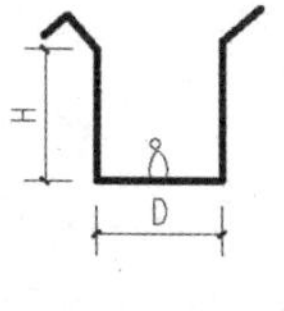

$D/H\approx 1$

文艺复兴时期的城市街道

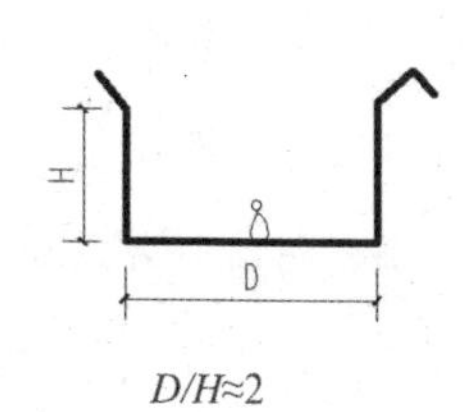

$D/H\approx 2$

巴洛克时期把中世纪的比例倒转过来

图2–43 街道的宽高比（D/H）

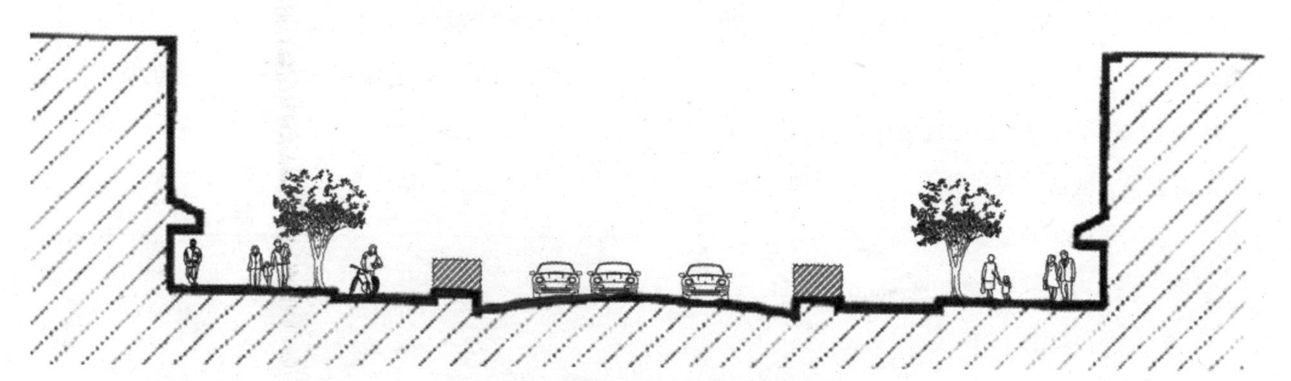

图2–44 用绿化分隔不同功能空间的街道

建筑物的平直轮廓使街道轮廓线因变化较少而有简洁宏大的个性；而富有韵律变化的建筑轮廓变化的连续出现则会使街道的轮廓线富于变化。轮廓线既不能过于整齐而显呆板，缺乏人情味；也不能过于繁杂，失去控制。

芦原义信在《街道美学》中，把决定建筑本来外观的形态称为建筑的"第一轮廓线"，把建筑外墙的凸出物和临时附加物所构成的形态称为建筑的"第二轮廓线"。如广告、标志牌等附属物就形成了街道的第二轮廓线，商业街尤其明显。对附属物的有效控制包括对每个附属物的大小控制和每条街道根据气氛、性质不同而进行的总面积与数量的控制。

街道轮廓线在街道中占有很重要的位置，它也是控制单体设计的一个依据，因此在街道设计中要加强轮廓线的规划控制，使它更具有可规划性控制性和可持续性，不能任其事后成形，这是在街道设计中应特别强调的问题。

7）街道的交通功能

交通对城市形态的作用体现在运输速度的变化上。美国地理学家亚当斯按照交通发展的特点把城市形态的演变划分为以下四个阶段：

①步行和马车时代（Walking House Era）（1890年以前）

城市由于受交通条件的限制，呈集中紧凑的同心圆发展，城市居民几乎全集中在城内，并不存在通勤交通。

②电车时代（ Electric Streetcar Era）（1890 ~ 1920 年）

19 世纪 80 年代电车的出现成为城市内部交通的主要交通工具，城市居民通勤距离大大增加，城市沿道路呈狭长的手指状发展。

③游憩口汽车时代（Recreational Automobile Era）（1920 ~ 1945 年）

私人小汽车被广泛接受，开始了大规模的郊区化时代。城市人口和工业向郊区扩散，市区急剧向外蔓延，城市伸展延伸到更远的地区。

④高速公路时代（Motorway Era）

由于小汽车和高速公路系统保证了随意的生活出行和较高的出行速度，城市人口和工业、商业自散到郊区更远的地点，城市住宅以低层低密度的方式向外大规模蔓延，形成种松散的城市形态。

街道尺度与交通水平之间存在着密切的相关性，在一段很长的时期内，步行是城镇最主要的交通方式。早期的城镇是步行者的城镇。这样的街道系统虽然富有情趣，却不能适应各种车辆的需要。当汽车开始出现，这种矛盾就越来越激化。

新的交通工具不仅对道路宽度、线性及路面提出了新的要求，从更深的意义上来说，它也更新了人们传统的街道美学观念。对于步行者来说，景物的丰富和多变是必要的，这样才能产生步移景异的效果。但是当人们坐在行动速度较快的车辆上时，就要求景物能有一定的重复性，这样才能产生较深的印象。对于前者，细部是重要的，因为人们可以时时驻足观赏；对于后者，整体的效果、节奏和韵律则更为关键。

由表 2-2 和图 2-45 分析来看，机动车辆速度提高，道路用地宽度需要增大，以保证机动车道和路边建筑有足够距离。如果这种距离不够，就很难对街道有美的感觉。自行车比较高的车速在 12 ~ 15km/h，在建筑距自行车道两侧距离为 3 ~ 4m，即一般行道有三个步道就可满足其宽度的要求，而一般步行速度只有 5 ~ 6km/h，就没有特殊要求。

汽车用量较多的城镇和以步行为主的城镇就有完全不同的规模与尺度。前者，街道的标志和告示

表 2-2　不同车速下辨认路边景物的最小距离

车速	Km/h	20	40	60	80	100
	m/s	5.56	11.11	16.67	22.22	27.8
最小距离（Dmin）	m	1.71	3.39	5.09	6.79	8.05

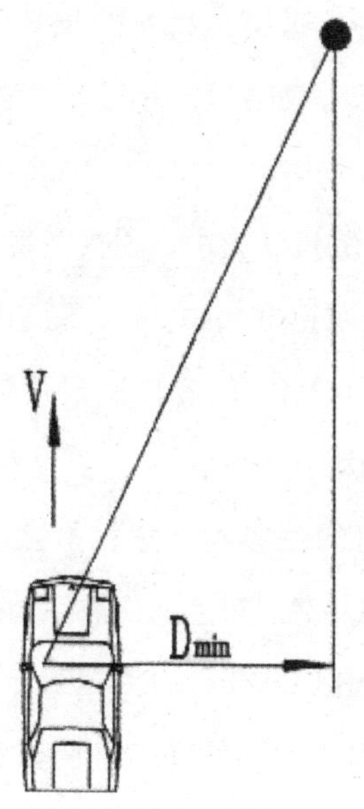

图 2-45　不同车速下辨认路边景物的最小距离图示

牌必须巨大而醒目才能看清因为无法去观赏细节，建筑物都是缺少细部处理的庞然大物。人们的面容和面部表情在这种尺度下也显得很小，完全看不清楚。然而所有有意义的社会活动、深切的感受、交谈和关怀都是在人们停留、坐着、躺卧或步行时发生的。生活总是始于足下，所以创造近人尺度在汽车用量较多的城镇中就更显必要。

（3）建筑细部层次上的街道尺度的设计

沿街建筑细部处理是展现街道的神醒之所在，它必须具有贴近人的尺度关系。

1）建筑细部层次上的街道尺度

是指街道底界面与人可视高度范围内的垂直界面或垂直物构成的街道尺度。建筑的细部处理，直接影响到这一区域内的街道尺度。在设计范围内与这部分内容紧密相连系的是建筑的细部处理、公共设施和小品以及地面铺砌的尺度、材质、色彩等合理布置。

人行走的速度大约是每小时 5km，人向前看时，可以观察到两侧各自近 90° 水平范围内正在发生的事情。向下和向上的视域比水平视域要窄得多，而且为了看清行走路线，人们行走时的视轴线向下偏了 10° 左右。因此，街道地面以上 5 至 8m 高范围内的各个细部设计都对街道上行走的人产生直接影响。

在建筑细部层次上对街道尺度起影响作用的要素包括：建筑底层立面色彩、质感和布置方式、铺地的色彩和质感、环境小品、公共设施和绿化等。它们是活化街道环境，协调人的心理需求与环境尺度的重要一环，是创造某种街道主调的手段。在街区局部层次上的超人尺度可以通过建筑细部层次上街道尺度的调整达到近人的目的。

2）建筑底层立面尺度、色彩、质感和布置方式

建筑的底层部分可以通过与人直接相比而准确地了解其尺度大小，人进出建筑时使用最多的是门，千百年来不论入口部分是要表现出威严还是高大，可是进出的门的大小却相对固定。例如哥特教堂的入口的拱门为了适合巨大的体量而呈现出很大的尺度，但足当你走近的时候就会发现，实际的入口只不过是巨大门拱里的些普通的门，这些门是以人体尺度为标准的（图 2-46）。

窗台和栏杆的高度是人们最为敏感和最常易产生感觉的尺度，也是人们产生印象和进行比较的尺度，沿街建筑无论其高低如何变化，严格控制和保护好窗台和栏杆的高度，对于街道的造型设计都具有至关重要的作用。精致的细部、材料、色彩、橱窗陈列与门窗以及栏杆和窗台都能达到减小尺度和亲切地与人对话的目的，这与远观建筑有很大不同。尺度是建筑师赋予建筑以可识别性的重要因素；细部与人的关系则更为密切，并且可以体现尺度。在传统上，尺度是通过在建筑使用雕刻、马赛克、线脚柱头、一山墙及精细的门窗框饰等细部处理来体现的。对小尺度物体的关心，促使人们对诸如建筑节点、端饰以及各种材料的纹理色质等发生兴趣。

建筑底层布置方式的处理有许多，例如底层的骑楼（图 2-47、图 2-48）。

3）街道的铺地

街道上的铺地可以通过两种方式来达到调节尺

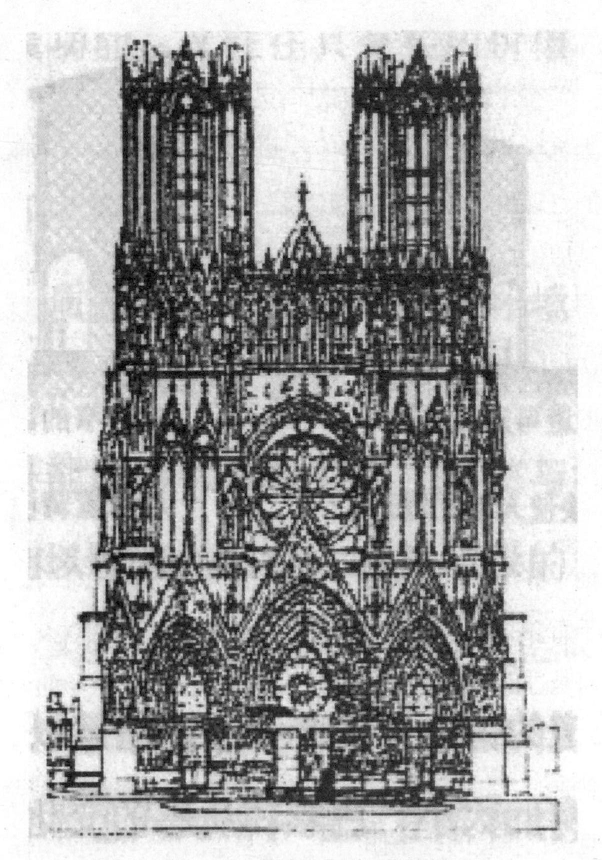

图 2-46　哥特教堂的入口尺度

图 2-47　广州的底层骑楼式街道的丰富活动

度的目的，一种通过铺地材料的尺寸大小、色彩和质感的变化，另一种通过对铺地地面的高差和界面限定。

a. 铺地材料的尺寸大小。现代气氛需要简洁、大方的划分，铺块可达 0.6mx0.6m；而亲切狭窄的小巷子，则宜 0.1 ～ 0.2m；一般自然尺度的街道可采用 0.3 ～ 0.5m 的铺块。

b. 铺地材料的色彩和质感。不应过于繁杂和混乱，应有所节制并突出重点。一般认为铺地的色彩和质感的韵律的变化以八步幅以内，四步幅以上为宜，即 2.5 ～ 5m。因为地面的功能是为人行走的，过于鲜艳的色彩，明度太大或色块之间对比强烈都会使视觉疲劳。在一些地形复杂的街道上，应尽可能保持路面的统一效果。

地面的高差变化或空间界定可以丰富空间，一个下沉的空间、一个被界定的安静的休息庭园，都可为行人提供宜人尺度。例如纽约的洛克菲勒中心的下沉庭院，除交通功能以外，这条街还被赋予逗留、交谈、眺望、进餐、体育活动等功能，街道一下子就充满了生气。

4）环境小品和公共设施

利用小品和绿化是最简便的调整细部感觉的设施。这种有丰富形态的设施有着微妙的和层次丰富的细致变化，因而是最方便的、最实用的调整尺度的要素，不论是其整体形态还是细部形态都能给环境带来

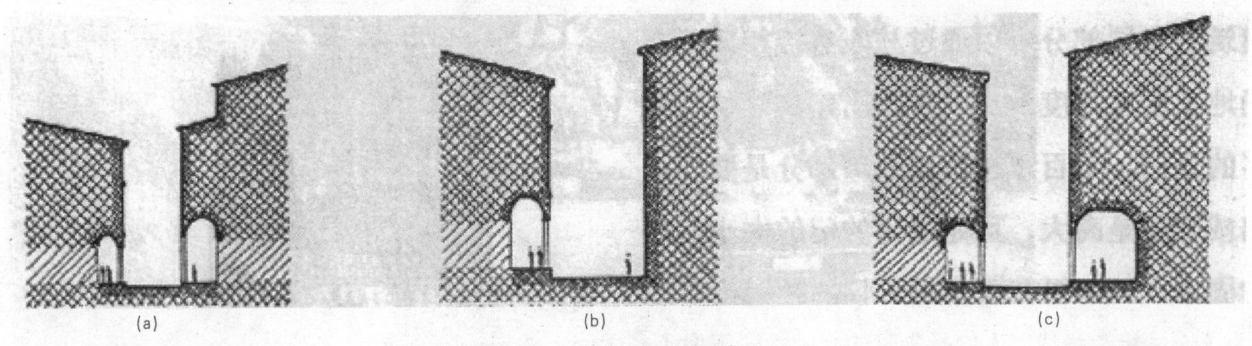

图 2-48　街道底层的骑楼布置

(a) Ⅰ狭窄的街道可通过底层两边布置骑楼使人感觉舒适；(b) Ⅱ较窄的街道可通过底层一边布置骑楼而使人感觉舒适 (c) 与Ⅱ相同的街道底层两边布置骑楼则使人感觉相当开阔

活跃的气氛，是软化环境，促成环境人性化的重要角色。

街道的公共设施包括：街灯、车棚车架、汽车站牌、电话亭、邮筒、座椅、饮水器、垃圾箱、街牌号码和指路标等，这些设施不仅是城镇文明与文化的展现，而且是审美功能和实用价值的完美结合。

街道小品包括：雕塑、喷泉、花坛、矮墙等。

小品和公共设施在设计中选用的造型、色彩、质感在某一段特定街道环境中应是统一的，通过它们的共同作用来烘托街道的气氛，以突出的独特风貌展现其可识别性。而不能是单纯的自身的美。特别是形态与色彩应受到控制，没有节制的繁杂色彩可能比形状本身的相互冲突与混乱更为突出。

5）街道绿化

绿化植物的美感来自其色彩宜人和形状的自然生命特征。

绿色叶子含水 60% 至 70%，因而总是自然地与水色天光相和谐，在柔和的变幻中令人感到清新、爽快和安静；同时，由于它的自然生命力、植物的形状与人造物极为不同，体现着生命的自然美好，因此即使是经过修剪的几何形状，也不会显得过于呆板。

绿化对街道尺度的调节是通过自身的形、色、光影来达到的。即使是冬天干枯的树枝，它们的交叠或投下的影子，也会构成美丽的画面，无论路面怎样铺装，也不会与草地或鲜花的生机与柔和相同。

在色彩单调和沉闷的街道中，绿化可以获得明快、活跃的感觉；在色彩极为繁杂和刺激的街道中，还可以通过绿化获得统一、安静的调节。

树种的选择应注意选用适应当地气候条件的树种，以突出其地方性。其种类选择或栽植布局，例如行道树的株距参考值（表 2-3）和树种选择的一般性原则（表 2-4），都需经过细心设计。

（4）街道尺度的三个层次之间的统一协调

街道尺度的三个层次之间不是孤立的，三个层次上的街道尺度设计必须统一在同一整体设计的概念上，使这一设计概念贯穿街道设计始终。它们共同作用形成了整个街道尺度，使统一协调的街道尺度得以构成独特的街道场。

同一条街道应该有一种特征，其间尽管可能交织着变化，但却应控制在该特征的合理尺度的街区的范围内，以及该街道中多次重复的建筑类型的合理尺度，进而形成一种街道的定量化的构成要素，如规定

表 2–3　行道树的株距参考值

树种类型	准备间移		不准备间移	
	市区	郊区	市区	郊区
快长树冠 15．上	3 ~ 4m	2 ~ 3m	4 ~ 6m	4 ~ 8m
慢长树冠幅 15 ~ 50.	3 ~ 5m	3 ~ 5m	5 ~ 10m	4 ~ 10m
慢长树	2.5 ~ 3.5m	2 ~ 3m	5 ~ 7m	3 ~ 7m
窄树冠	-	-	3 ~ 4m	2 ~ 4m

表 2–4　树种选择的一般性原则

街道环境	树冠宽	树高	树种
宽阔开敞	10m	20m	白杨、法国梧同
行道树	5 ~ 10m	10 ~ 20m	法国梧桐、榆树
林荫路、人行道、狭窄道路	3 ~ 5m	5 ~ 10m	槐树、榆树
用于观赏	1 ~ 2m	2m 左右	小型松柏

层高、檐高、台基高、门窗大小、比例等。在这种规定下形成的街道也不应是整齐划一的，也存在着千变万化的微差关系，也应有着对比关系。这种不同尺度系统并存的空间，赋予如同乐章连续性和整体性。

街道尺度很大程度上在街道形成时就已经确定了，带有时代特色的尺度。为保持街道尺度的谐调统一，后世的建造或更新活动，应特别展现与已有的尺度相适应。

3 城镇广场规划设计

3.1 城镇广场的形成

3.1.1 气候要素

不同国家、不同地区的气候差异很大，广场作为人们室外活动的公共空间受气候影响很大，不同地区的人们在广场上进行的活动也会有所不同，因此在进行广场设计时应充分考虑当地的气候特征，扬长避短，为人们的室外公共生活创造更好的环境。

丹麦首都哥本哈根的户外公共生活服务始于早春，持续到晚秋。当地的广场在很多时候其实是户外的咖啡馆。如位于北乔区的圣汉斯广场，广场的三面被四到五层的建筑包围着，底层有当地的商店、餐馆和咖啡屋。人们在广场步行区充满阳光的咖啡馆和喷泉周围享受着城市生活的乐趣（图 3-1）。意大利的气候在全年大多时间里温暖怡人，而且意大利人喜欢在充满阳光广场上呷着令人倦怠的葡萄酒，怡然自得地闭目养神。为了充分享受阳光，他们的广场上常常没有一棵树，并且地面全部使用硬质铺装（图 3-2）。

我国大部分发达地区属于温带和亚热带，夏季长且气温高、日照强，这都使得遮阳成为广场设计中应充分考虑的问题。不少地方在大榕树的绿茵下布置茶座，供人们休闲纳凉，成为南方城镇的独特风貌。遗憾的是目前在我国，许多城镇广场模仿欧洲一些城市，流行“大草坪”广场模式，这就是没有因地制宜进行设计，盲目模仿的结果。草坪虽然具有视野开阔、色泽明快的优点，但在调节气候、夏季遮荫、生态效应方面是远不及乔木的，而且我国大部分地区的气候不适宜草坪的种、植、管，草坪的维护成本远远高过乔木。但某些城镇却对“大草坪广场”的建造乐此不

图 3-1 圣汉斯广场上的休闲人群

图 3-2 在阳光中休憩的人们

疲。如北京平谷区某镇的入口广场，广场以地毯式的草坪作为绿化，加以低矮灌木作点缀，没有一株乔木。人们的公共活动则停留在草坪之间的路径上，夏季活动时将忍受当头烈日的煎熬（图 3-3）。这样的广场曲解了公共空间的意义，不仅占用大面积土地还耗费巨额的养护费用，却无法充分发挥其使用价值，很不合理。

所以，在我国城镇广场设计中，应考虑当地的气候因素来确定铺地与绿化的比例及绿地中草坪与乔木的比例。设计休闲类广场，应提高乔木在绿地中的比例，因为乔木树林是一种复合型用地，既可容纳市民的活动，又可以保证广场景观。如将大草坪改为乔木，人们则可以得到更多的休憩及活动空间，乔木下的用地还可以多层次地利用，既可散步，又可避暑，也可种植花草，还能起到短时间避雨的功能，有时也还可以将其作停车场地。而且还可大大减少绿化用水量，提供充足的氧气并降低室外热浪对人们的袭击。另外，树木的种类应尽量选用适应当地气候的树种，这样可使广场的绿化更有地方性，也利于树木的生长管理。

总之，广场是城镇居民室外生活的重要场所，因此它的设计应充分考虑当地的气候条件，从而满足人们室外活动的需要，决不能盲目地照抄照搬西方城市广场的设计模式。

图 3-3 北京平谷某镇的入口广场

3.1.2 人为需要

广场设计中最重要的因素就是人的行为需要，因为人是广场的主体。在城镇中，广场的综合性更强，不同类型的广场一般都兼有着城镇居民休闲的功能，就更应该将“以人为本”作为设计的基本原则。

从对广场空间形态历史演进的考察，我们不难发现广场空间的演化过程，正是一个空间人性化的过程。意大利中世纪的城镇布局一般是由城墙包围着向心的空间，广场恰如整个城镇的起居室。以意大利锡耶纳的坎波广场为例，锡耶纳是意大利中部托斯卡那区的一个古老的城镇，坎波广场是以城中普布里哥宫为中心发展起来的，始建于十一世纪末。十五世纪铺装的九个扇形部分向普布里哥宫方向倾斜，在其中央高起的部分的适当位置设置了从旧时水道引出的喷水，形成了一个适合举行户外活动的布局。

G.E. 基达・斯密斯在他所著的《意大利建筑》一书中这样阐述：“意大利的广场，不单单是与它同样大小的空地。它是生活方式，是对生活的观点。也可以说，意大利人虽然在欧洲各国中有着最狭窄的居室，然而，作为补偿却有着最广阔的起居室。为什么这样说呢？因为广场、街道都是意大利人的生活场所，是游乐的房间，也是门口的会客室。意大利人狭小、幽暗、拥挤的公寓原本就是睡觉用的，是相爱的场所，是吃饭的地方，是放东西的所在。绝大部分余暇都是在室外度过，也只能在室外度过的。”由于意大利气候宜人，意大利的广场空间与室内的区别仅在于有没有屋顶。意大利广场的空间形式来源于意大利人千百年来形成的生活习惯，而这正是人的行为因素对公共空间造成的结果。

人们不同层次的需要会在广场环境上得到反映。

广场作为满足人的需要的空间载体，应具有以下三种环境品质：舒适品质、归属品质和认同品质。将广场使用者的行为与广场环境紧密结合是人的各种需求得到满足的根本途径。

（1）舒适品质

广场环境的舒适品质是人的行为心理最基本的需求，只有当这一需求得到满足，广场才能成为人们乐于前往的场所。广场的舒适品质体现在两方面，一是生理上的舒适，也就是说广场首先要有一个良好的小气候环境，比如在北方，人们喜爱在向阳背风的环境中进行户外活动，风大或背阴的广场少有人光顾。二是心理上的舒适，这表现为人对环境的一种安全放松的精神状态。它往往不是广场上某一具体设施的舒适度所能解决的问题，而是关乎于广场环境的综合品质，比如广场尺度与围合的感觉、广场环境的庇护程度、广场主体色彩给人带来的影响等。女性与恋人往往对环境的安全要求较为严格，某美国学者在对广场调查研究中证实，如果某广场女性与情侣的比例占到使用者的40%以上，那么这个广场的设计就是比较成功的。事实也证明，位置偏僻、人的活动和视线很难涉及的空间往往是犯罪率比较高的地方，这也就是为什么一些精美的广场由于缺乏领域感而少有人光顾的原因。然而，我国许多新建的城镇广场却明显地违背着了舒适品质的原则，这些广场往往不是以市民使用为目的，而是把市民当做观众，广场上由绿地和硬质铺装组成的美丽图案没有近人的尺度，难于使用。例如深圳市龙岗区的某镇，由于近年来经济文化的发展需要，兴建了集表演、展览和休闲于一体的文化广场。广场的确满足了当地人民政治集会、庆典、游行的需要，但作为城镇的中心广场，它不仅是显示政府功绩的市政工程，更多考虑的应是如何为城镇居民生活服务，切实改善城镇的人居环境。该镇偌大的硬质铺地广场强调的是几何图案的美观，而不是实际功用，只能成为人们行走中不得不穿过的一块暴晒的空地；大片的绿地，居民很难找到一块遮阴的树影和可以小憩的座椅，更不要奢望在这里休闲、会友、读书、饮茶了。总之，我们在广场设计时必须以人的活动为出发点，以普通的人、真正生活在城镇中的人的活动为出发点，因为是他们的活动决定了城镇的广场空间形式。

（2）归属品质

广场为居民提供了活动交往的可能，通过交往共处，人类找到了自我的归属感，广场环境的归属品质由广场活动的多样性和人们对活动的参与性两方面组成。人的行为活动有着极强的时间与空间的相关性。不同年龄层次、社会阶层的使用者都希望在广场自由自在地进行自己的活动。当广场的设计者面对复杂的需求时，最简便而明智的做法是注重广场使用者的各种活动需求，如划分私密、半公共半私密、公共等不同空间层次，避免过多的单一用途空间，尽量关注共性的东西，对广场各层次空间不宜限制得过细、过死，这样才能使多样化的活动在广场上自由展开。

参与是人的本能需要，人们通过参与活动才能满足自己的好奇心并感受到自我的存在，找到归属感。现代的广场设计十分注重调动人们多感官的积极参与，鼓励人充当活动的主角，而不仅以旁观者的身份进入广场，多方面感知的参与可以使人从可攀爬的雕塑、可使用的室外体育器械、可进入的草坪中发掘出比仅是视觉愉悦更多的乐趣。福建惠安螺城镇的中心花园广场，喷泉的设计让游人可以自由自在地进入到喷泉里面，参与喷泉的流动，增加了活力，使游人与喷泉相映成趣，颇为引人。

（3）认同品质

城镇的广场往往是城镇的象征和标志，其内涵包含了城镇的历史、文脉、精神与情感的内容，即能体现出一种人们对环境的认同感。目前我国的城镇广场有着不论东西南北却大体类似的问题，即识别性很差。其实每个城镇都有自己的自然环境，风俗习惯等地方特色，城镇广场应在有机融入当地居民活动的前提下对这些特色有所体现。首先应充分把握每一城镇自然要素的特征，使广场的景观风貌化（如城镇形态结构、地理特征、植物特色等）。第二是挖掘城镇的人文景观特色，充分体现广场的场所定义，在广场空间中创造适合当地民俗活动的特殊场所空间。

四川省乐山市犍为县东北罗城镇的“凉厅街”，因其独特的风貌驰名中外。凉亭街中央最宽处矗立着古戏楼，与灵官庙遥遥相望。戏楼前的广场是镇上居民进行宗教、帮会活动的场所。每逢传统节日和庙会，广场上就要开展耍龙灯、狮灯、麒麟灯、牛灯、花灯、车灯的活动，还有秧歌、平台和民间高翘等表演。家家张灯结彩，凉厅内摆着各色商品、小食摊，人们穿红着绿，摩肩接踵，热闹异常，成为远近闻名的“罗城夜市”，沿袭至今。如被列为世界历史文化遗产的云南丽江古城，被独特的流水系统及路网包围的四方广场，形成了独特的城镇广场风貌，人们在广场聚集是为了休闲、聊天、进行商业活动，这里因此成为了人们户外活动的场所。

3.1.3 经济实用

经济实用性是城镇广场尤其应该考虑的要素之一。城镇一般不像大城市，有发达的交通枢纽和鳞次栉比的高楼大厦，城镇的引人之处在于接近民情风俗的建筑设施、宽松适宜的环境。因此，城镇广场的规划设计应突出的是经济实用性而不是表面上的奢华壮观。另外，经济实用的广场不仅符合城镇的性格特征，而且也适应大多数城镇的经济水平。

德国的 Ketsch 市场广场就是一个经济实用广场的优秀实例。Ketsch 镇是德国莱茵河畔的一个小镇，由于城镇的发展与扩建需要，1987 年该镇组织了对中心区再设计的规划竞赛。Ketsch 市场被看做是居民的广场，也是举行各项庆典活动的地方。它不是显示政府功绩的“好厅堂”，而是一个能包容多种使用功能的空间。广场的规模不大，设计非常紧凑，所有设施的配置都讲求实用经济。地面铺层为斑岩石，四周种有梧桐树。广场核心为一个结晶体状的建筑小品，是整个广场的中心与标志。它的外形设计成一个国际象棋棋盘，由黑白花岗岩板制成。这个小品不仅是广场上供公交车乘客上下车的平台，而且它也可看做是一个由花岗岩、钢与玻璃制成的巨大雕塑，用作空间装饰。广场上还有一个简洁的水池，清泉从水管流入池子，池底铺有黑白马赛克，呼应着中心雕塑的母题，清亮的水面映射着广场区上的景色，给广场增添了几分灵气，颇有画龙点睛之意。该广场虽简单造价不高，但由于精心的设计，充满活力和生活的情趣，非常符合城镇的性格（图 3-5、图 3-6）。

图 3–5　Ketsch 市场广场平面图

图 3–6　结晶体状的建筑小品也是公交车乘客上下车的平台

我国大部分地区的城镇建设刚刚起步，在规划建设中讲求经济实用对城镇今后的健康发展十分重要。然而在许多城镇的建设中却不乏讲求排场，建设过于铺张的大广场的例子。如北京东部某中心镇，镇区人口 6244 人，但广场却占地 7.5hm²，平均每人 12m²，是正常指标的十多倍。广场由三个尺度很大的空间序列组成，三个大空间还分别由两个“小”空间相连。第一个空间为一个圆形的雕塑广场，中心雕塑是该镇蓬勃发展的象征，经过该广场尽端的一对半环状开敞柱廊，便到达第一个联系空间——长方形的空间两侧是仪仗式的灯柱。通过这一空间文化广场，第二广场便豁然眼前（图 3-7）。它的规模比第一广场更大也更显空旷，中心为奢侈的音乐喷泉。但是由于使用费用很高，使用频率极低。它的尽端则为一个带雕塑的欧式水池，穿过半环绕水池的欧式柱廊，则步入了第二个连接空间（图 3-8）。这个空间是以剪裁几何化的植物花朵为主体，颇具欧式花园的意味。信步走过这一区域才是整个广场的最后一个空间（图 3-9）。这一空间充满着中式园林的意趣，假山流水，鱼塘柳茵。从入口到尽头这一路走来，人们会为广场层层障障的气势所惊叹，难以相信如此规模如此豪华的广场真为小镇所有。虽然设计本身是下了一番工夫，雕塑、水池、庭院、大回廊和园林景观，皆一并收入囊中，而手法也颇为成熟，但如此广场的实用价值实在让人怀疑。巨大音乐喷泉的高额的运营费用恐不适于城镇日常使用。而整个广场的造价更是惊人，没有考虑当地的发展水平和城镇居民的实际需要。

2002 年国务院发出了加强城乡规划监督管理的通知（国发 [2002]13 号文件）。通知中指出，近年来，一些地方不顾地方经济发展水平和实际需要，盲目扩大城市建设规模，在城市建设中互相攀比，急功近利，贪大求洋，搞脱离实际、劳民伤财的所谓“形象工程”、“政绩工程”，成为城市规划和建设发展中不容忽视的问题。2004 年建设部、国家发展和改革委员会、国土资源部、财政部则联合发出通知，要求各地清理和控制城市建设中搞脱离实际的宽马路、大广场建设，其中明确指出小城市和镇的游憩集会广场在规模

图 3-7　第二广场空旷的全景

图 3-8　第二广场和尽端园林区的连接空间

图 3-9　位于广场尽端的中国式园林区

上不得超过 1hm^2。这无疑是对目前城镇广场建设忽视经济实用性的批评和警示。

3.1.4 生态环境

随着环境概念的全面深化，人们开始从更多的角度关心生态环境。2002 年 8 月 23 日，第五届国际生态城市会议在深圳召开，会上通过了《生态城市建设的深圳宣言》，提出建设适宜于人类生活的生态城市，首先必须运用生态学原理，全面系统地理解城市环境、经济、政治、社会和文化间复杂的相互作用关系，运用生态工程技术，设计城市、乡镇和村庄，以促进居民身心健康、提高生活质量、保护其赖以生存的生态系统。

生态环境与人们的健康有着极为密切的关系。城镇广场作为人们公共生活的空间，在设计时应贯彻“生态第一、景观第二”的设计理念，毕竟城镇与大城市相比，有着较为适宜的小气候和更多的绿色植被。丰富的自然资源和宜人的生活环境，应该是城镇较大城市更吸引人的地方。注重生态性有两方面的含义，一方面广场应通过融合、嵌入等园林设计手法，引入城镇自然的山体、水面，使人们领略大自然的清新愉悦；另一方面广场设计本身要充分尊重生态环境的合理性，广植当地树木，不过分雕饰、贪大求全。

德国的 Sommerda 广场是一个值得我们参考的很好的例子。在该广场的景观设计中，对于绿地质量的要求高于对绿地数量的要求。两排栗子树和树下的大片草坪构成了中心区，形成了良好的生态环境，从而创造了高质量的绿色空间（图 3-10、图 3-11）。

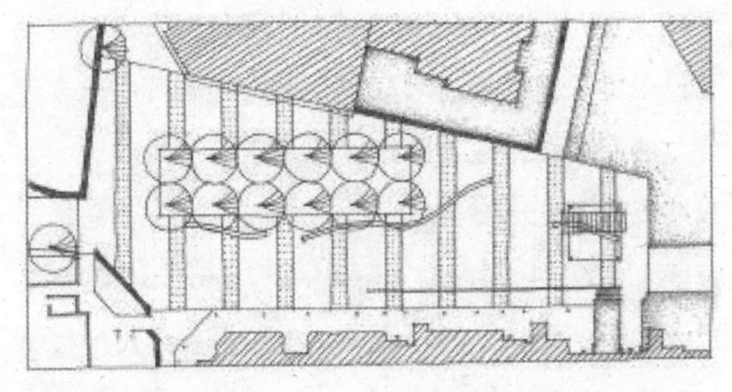

图 3-10　Sommerda 广场平面图

图 3-11　高质量的绿色空间

绿化与水被称之为城市广场的绿道（Greenway）和蓝道（Blueway），人们愈来愈青睐与绿化、水体等有机结合的生态型广场。使用植物绿化是创造优美的生态环境最基本而有效的手法。植物绿化能够净化空气，改善局部小气候；能创造幽静的环境，使人产生宁静的心情；可以随季节变化，春季生机昂然，夏季繁荣灿烂，具有生动的装饰效果和艺术表现力。一般来说，城镇广场的绿地率不应小于 50%。而水体则是城镇广场设计中不可忽视的另一个生态因素。许多城镇拥有天然的水体，在设计中应该充分考虑对之引用或呼应，不仅可以使城镇更具有生命的活力和灵性，更能满足人们的亲水情怀。

3.1.5 地方特性

城镇广场设计应注重城镇的文脉和文化积淀，将不同文化环境的独特差异和特殊需要加以深刻的理解与领悟，使广场具有可识别性和地方性。每个城镇都有着自己独特的历史文化，这是多年来城镇发展留下的鲜活的遗产，也是城镇居民们的共同财富。

正是由于这种独特性，地方性的历史文脉应成为城镇广场设计中必须考虑的重要要素，这样设计出的广场才有长久的生命力。

一个有地方特色的广场往往被市民和来访者看做是城镇的象征和标志，使人产生归属感和亲切感。如前文所述的绍兴鲁迅文化广场，其绍兴水乡的特色十分明显。广场与水巷相通，人们可以从南边马路一侧到达广场，也可以乘船穿过月亮桥到达广场，还可从西侧越过石板桥到达广场。下沉广场邻近石板桥，可使人们接近水面。青石板、乌篷船、与水面相连的台阶都反映出了水乡特点，渗透出当地的文脉特征，与周围的环境取得了协调。广场周围的建筑的马头墙、粉墙黛瓦，简洁明快，很好地将现代风格与绍兴民居的特征结合起来，使它在传统文化中现出新意。楼、台、水、桥相映成趣，水乡的性格浮现在眼前，让人过目难忘。

这个广场的设计体现了真实的地方文化个性。由此可见，一个特定的广场也好，建筑也好，想要做出真正的个性来，形式技巧固然有一席之地，但最佳的技巧莫不过是理解这里的生活，从生活中寻找个性，从这种个性之中去寻找独创的办法。

在今天的城市建设中，许多欧美国家，越来越重视地方特色的保护，历史文脉的继承。运用当地传统建筑符号来表现城市的文脉，表现城市历史延续关系的手法为越来越多的设计师所关注。很多地方将旧的广场再次设计以满足新的功能要求，将城市中废弃的建筑拆除改建为广场。这些经过加工的符号在流露出传统建筑的某些特征，展示出现代社会风貌的同时，更引起人们的思考和联想。

意大利小镇的MERCATO广场就是这样一个改建空间的优秀实例。MERCATO广场建造在罗马露天剧场的遗址上，曾经能容纳近10000人观看演出。但是因为战争它被遗弃了，逐渐被侵占变成了修建其他市政宗教建筑的石材原料场。随着时间的流逝，大量的房屋沿着露天剧场坚固的台基而建，也正是如此，剧场优美的椭圆形得以保留。设计师在改建时拆除了舞台上后盖的房子，使广场继承了原有剧场的椭圆形状，简单地调整了已有的广场的形状，并重新打开了通往露天剧场的道路。设计师还保留了舞台边缘连续的雕刻，以及原来剧场周围高低错落风格不一的房子。西侧一条古剧场的入口拱廊，把如今在广场上休憩的人们引到了对上个世纪的沉思中（图3-12）。

当城市广场在为适应现代城市生活而重新设计时，城镇和它的历史将起重要的作用。位于西班牙小镇奥利特的城市广场清晰地表现出了这种融合。奥利特是一个3000人的小镇，在14世纪和15世纪，曾是纳瓦拉省皇族统治的中心。广场位于镇中心，既有交通功能，又是人们聚会的场所，同时还是市民日常活动的地点，成为联系小镇各个部分的纽带(图3-13)。广场拥有古罗马、中世纪、文艺复兴等各个历史时期的建筑，这些建筑包围在不规则的长方形广场四周，

图3-12 MERCATO广场保留了罗马露天剧场的形状

图 3-13　广场是联系小镇各个部分的纽带

图 3-14　广场形状与中世纪地下通道系统有关

构成了卡洛斯三世贵族广场的框架。广场的形状与一个中世纪地下通道系统有关，这个通道可由地下直达广场东端的王宫（图 3-14、图 3-15）。今天地下通道改建成了旅游信息中心和展室，通过新广场上的楼梯间可以进入。改建后的广场空间采用当地盛产的一种质朴的卡拉托劳石材铺地，简洁一体的地面上镶嵌着几种古典的建筑符号和图案。在广场西端现代的市政厅前，有一处光滑的椭圆形石头地面，目的是划分出集会和庆典的区域（图 3-16）。广场正中的两个地下室入口分别设计成钢质的金字塔形和圆形（图 3-17）。精致的块状石椅沿广场长轴方向设置，划分

图 3-15　可直达广场东端王宫的地下通道

图 3-16　划分出集会和庆典区域的光滑椭圆形石头地面

图 3-17　钢质金字塔形地下室入口

出交通的区域。一个雪花石制成的圆锥状喷泉为由基本建筑元素组成的广场画上了句号。市民和他们在广场上的活动给严谨的广场带来了勃勃生机，广场上简洁的建筑语汇和装饰则创造了一种宁静安详的氛围，引起人们对往昔的追忆，城镇的历史仿佛就浮现在眼前。

3.2 城镇广场的类型

城市广场由于其不同的功能、位置、平面形式、艺术风格等而具有不同的分类方法，按照功能划分，一般可分为市政广场、纪念广场、交通集散广场、商业广场和休闲娱乐广场五大类。

城镇广场作为城镇公共空间的重要组成部分，是城镇居民公共生活的重要场所，与大城市相比，城镇必然有着其自身的特点：人口密度小、空间平缓疏朗、公共活动的场所更趋于集中，因此城镇的广场具有多功能、多用途的复合性质，往往集市政、休闲、纪念等多种功能于一体。但也有不少特殊的情况，出现各种功能要求的小广场。为描述清晰，参考城市广场的划分方法将城镇广场按其主要承担功能分为以下五类。但应注意城镇的各类广场的规模都相应地会较小，必须根据实际情况因地制宜，不能盲目抄袭城市的做法。

3.2.1 市政广场

市政广场是城镇广场的主要类型。市政广场多修建在市政府和城镇行政中心所在地，是城镇政府与城镇居民组织公共活动或集会的场所。市政广场的出现是城镇居民参与城镇行政管理的一种象征。它一般位于城镇的行政中心，与繁华的商业街区有一定距离，这样可以避开商业广告、招牌以及嘈杂人群的干扰，有利于广场庄严气氛的形成。同时，广场应具有良好的可达性及流通性，通向市政广场的主要干道应有相当的宽度和道路级别。广场上的主体建筑物一般是镇政府办公大楼，该主体建筑也是室外广场空间序列的对景。为了加强稳重庄严的整体效果，市政广场的建筑群一般呈对称布局，标志性建筑则位于轴线上。由于市政广场的主要目的是供群体活动，所以广场中的硬质铺装应占有一定比例，周围可适当地点缀绿化和建筑小品。

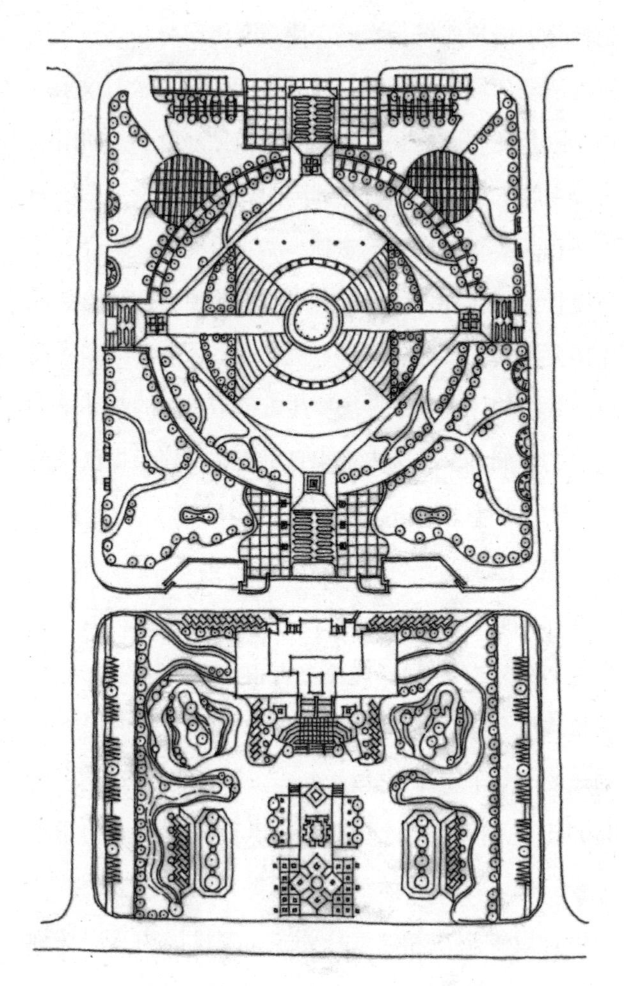

图 3–18　青海省西海镇政府广场平面图

如青海省西海镇政府广场（图 3-18）。该广场位于西海镇的西南角，是西海镇居民举行大型活动和休闲的主要场所。广场采用简洁明快的方圆构图，将软、硬铺地巧妙地组织在一起。利用轴线关系，清楚地形成广场各主要出入口，辅以部分小径，自然地将人们在广场聚集及分散的各类活动联系起来，交通路线清晰便捷。广场中心严谨的布局为镇政府提供了举行大型集会的庄重空间，而周边疏密有致的绿化配置又为居民提供了开展游乐及休闲活动的场所，满足了当地多民族城镇居民集会、休闲的功能需要。

3.2.2 休闲广场

城镇的休闲娱乐广场是为人们提供安静休息、体育锻炼、文化娱乐和儿童游戏等活动的广场。一般包括集中绿地广场、水边广场、文化广场、公共建筑群内活动广场及居住区公共活动广场等。休闲娱乐广场可以是无中心的、片断式的，即每一个小空间围绕一个主题，而整体性质是休闲的。因此，整个广场无论面积大小，从空间形态到小品、座椅都应符合人的环境行为规律和人体尺度。广场中的硬质铺装与绿地比例要适当，要能满足平日里人们室外活动的多种需要。城镇的休闲娱乐广场要注重创造优美的小环境和适当的空间划分，为人们平日里交往、娱乐提供尺度适宜的室外空间。广场上还应有座椅、路灯、垃圾箱、电话亭、适量的建筑小品等设施。

休闲娱乐广场适用性广，使用频率高。虽然因其服务的半径不同，规模上有很大差异，但都应注重给人营造出放松愉悦的氛围。如意大利卡坦扎罗的玛泰奥蒂广场，它位于新老城区的连接处，占地4400m²，周围有几个重要的公共建筑，广场的空间由步行街、广场、休闲公园三部分组成。整个广场的设计以蛇形线和波浪线为主，充满活力。广场地面是一幅取材于维赛里画作的巨大艺术绘画，灰色、蓝黑色的条形非洲花岗石铺地中，浅灰色大理石镶嵌成流动的图案；在步行区的两端各有一个小型开放式休息亭，其平屋顶上的图案则与广场铺地的图案保持一致；沿西边的车行道种植了一排棕榈树并以波浪形石凳勾勒出其蜿蜒的形状，与地面流动的主题呼应，强调了空间的延伸感。另外，一个大的日晷和楼梯雕刻控制着整个广场。这个楼梯雕塑为人们观察日晷的投影和日晷线上的数字提供了一个良好的视点。总之，广场本身像一个巨大的城市雕塑，成为人们放松休闲的好去处（图 3-19 ~图 3-22）。

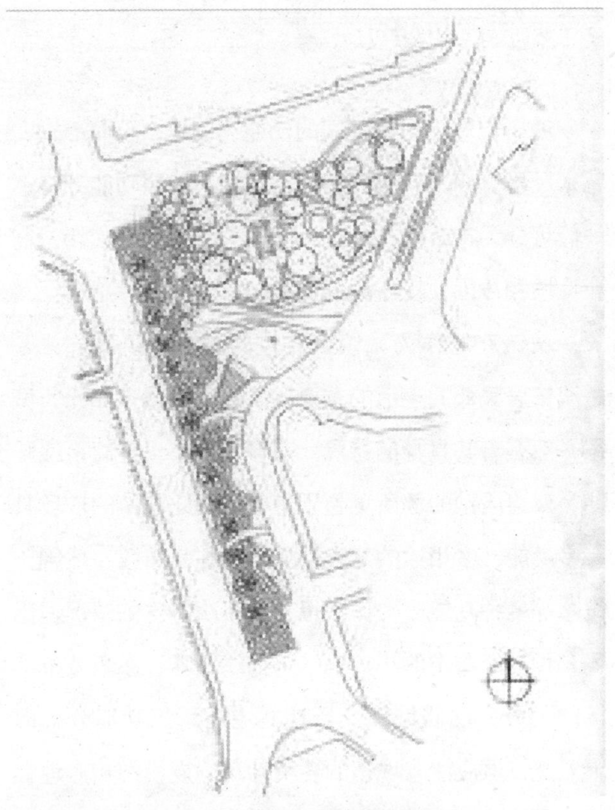

图 3-19　玛泰奥蒂广场平面图

图 3-20　玛泰奥蒂广场鸟

图 3-21　巨大的雕刻楼梯

3.2.3 交通广场

交通集散广场的功能主要是解决人流、车流的交通集散问题。这类广场中，有的偏重于解决人流的集散问题，有的偏重于解决车流、货流的集散问题，

图 3-22 流动图案使广场充满活力

有的则对人、车、货流问题的解决均有较高要求。城镇的人流、车流相对较少，也很少有较大规模的体育场、展览馆，因此交通集散广场多出现在人流密集的长途车站或交通状况较复杂的地段。设计时应注意如何很好地组织车流、人流路线，以保证广场上的车辆和行人互不干扰、畅通无阻。规模较大的交通广场如站前广场应考虑停车面积、行车面积和行人活动面积，其大小根据广场上车辆及行人的数量决定。广场上建筑物的附近设置公共交通停靠站、汽车停车场时，其具体位置应与建筑物的出入口协调，以免人、车混杂或交叉过多，使交通阻塞。在处理好交通集散广场的内部交通流线组织和对外交通联系的问题的同时，应注意内外交通的适当分隔，避免将外部无关的车流、人流引入广场，增加广场的交通压力。此外，交通集散广场同样需要安排好服务设施与广场景观，不能忽视休息与游憩空间的布置。

德国伯布林根广场为一交通集散广场，在城镇交通广场设计中该广场的设计手法较为巧妙实用（图 3-23、图 3-24）。伯布林根广场位于一个设计起来很棘手的城镇交通枢纽上，之所以要在这里修建广场就是为了明确人行步道区。广场因原有的地形呈“Y”字形结构，并通过贯穿广场的花岗岩地面来强调。老城区呈楔形延伸进广场，由楔形花岗岩切磨制成的坐凳式短墙将步行区与车行区有意识地隔开，并充当整个广场的核心。该广场既解决了繁杂的交通问题，又丰富了道路景观，还为行人提供了宜人的休息场所，是城镇交通广场值得借鉴的优秀实例。

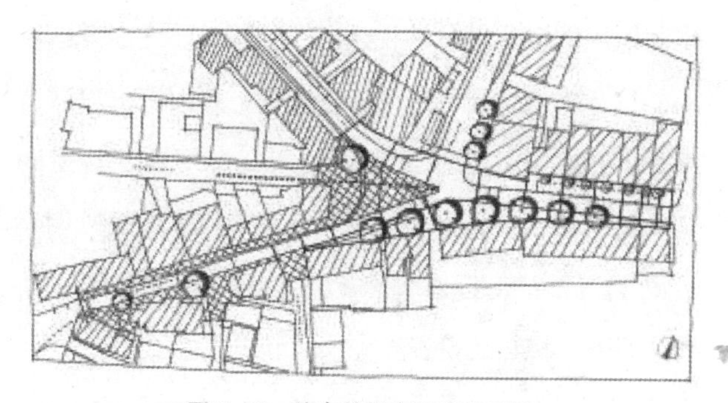
图 3-23 伯布林根广场总平面图

图 3-24 通过花岗岩地面来强调的“Y”字形结构

3.2.4 纪念广场

纪念性广场是具有特殊纪念意义的广场，一般可分为重大事件纪念广场、历史纪念广场、烈士塑像为主题的纪念广场等。此外，围绕艺术或历史价值较高的建筑、设施等形成的建筑广场也属于纪念性广场。纪念性广场应有特殊的纪念意义，提醒人们牢记一些值得纪念的事或人。由于城镇规模较小，纪念性广场一般会结合市政、休闲等功能，因此广场上除了要具有一些有意义的纪念性设计元素，如纪念碑、纪念亭或人物雕像等，还应有供人们休息、活动的相应设施，如座椅、垃圾箱、灯、展板等。这类广场应保持环境安静，防止过多车流入内。对这类广场的比例、尺度、空间组织以及观赏时的视线、视角等，要详加考虑，不能过分强调纪念性广场的特殊性，片面追求庄严、肃穆的气氛。纪念性广场要突出纪念主题，其空间与设施的主题、品格、环境配置等要与主题相协调，可以使用象征、标志、碑记、亭阁及馆堂等施教手段，强化其感染力和纪念意义，使其产生更大的社会效益。

例如绍兴的鲁迅文化广场是1991年为了纪念鲁迅先生一百周年诞辰而建的，属于典型的城镇纪念性广场（图3-25、图3-26）。广场的西北两侧都与水巷相通，很自然地把水乡生活引入这个独特的纪念环境中来。为了加强纪念性，广场的台阶形式寓意是水乡的河埠头，与水面相连，铺以青石板；河边象征性地展示着两艘乌篷船，反映出鲁迅先生在《社戏》中生动描写过的绍兴水乡生活；广场中心区则摆放着鲁迅先生的雕像，更突出了广场主题。

3.2.5 商业广场

广场曾经有一项重要的功能就是市场。露天市场这种经营形式自古就有，原因是在广场上摆摊节省费用，相应的商品费用也较便宜；其次是简洁方便，利于招揽顾客；同时，还能让人们感受到熙攘热闹的生活气息。历史上，行政广场、宗教广场在节假日也都兼有露天市场的功能。随着城市的发展，人们对卫生及居住环境要求的提高，这种形式在许多地方尤其是在城市中已被商场等场所所取代。但在城镇，集市场贸易、购物、休息、娱乐、饮食于一体的商业广场还是很受欢迎的。商业广场的位置规模都可依据具体需要灵活安排，大到城镇中心的广场，小到城镇居住区前的空地，都能形成方便的商业广场。但应注意广场空间需以步行环境为主，商业活动区应相对集中，避免人流、车流交叉。环境卫生的保持也是商业广场需要注意的问题。

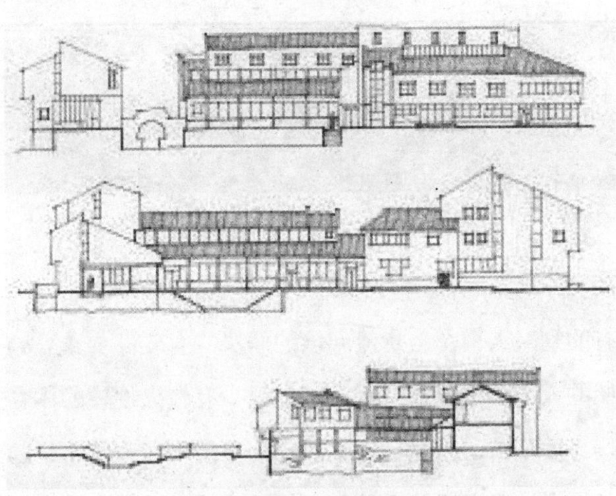

图3-25　鲁迅文化广场立面、剖面图

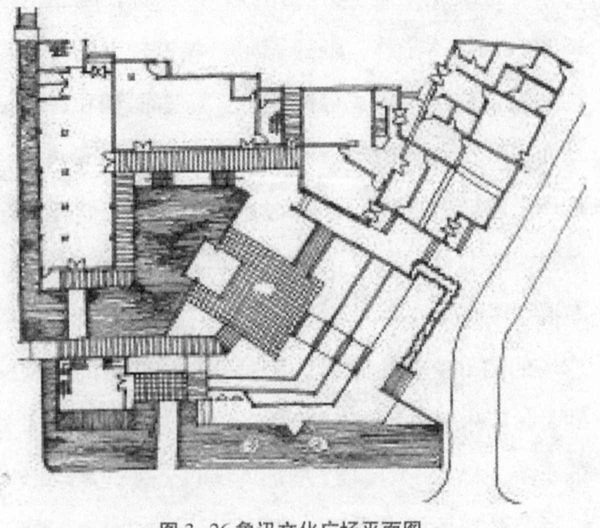

图3-26 鲁迅文化广场平面图

图 3–27　天津古文化街的庙前广场

德国小镇乌尔姆以高达 161m 的乌尔姆大教堂威震四方，而大教堂前的广场已基本在固定时间段上作为露天菜市场的场地，此举不但没有损坏教堂的形象，反而使广场更充分地发挥了作用，活跃了城镇中心区的生活气氛。

此外，宗教广场也是城镇广场的一个类别。该类广场在欧洲最为常见，但在中国城镇中，多为保存下来的是传统庙前广场。传统的庙前广场一般是庙前空间的扩大，逢年过节则在庙前广场举行庙会、赶集，形成露天的市场，成为居民购物的场所，规模再大些的则在广场上设戏台，在节日时进行演出。因此中国的传统庙前广场是公众进行商业娱乐的综合型场所，也是城镇商业活动的起始（图 3-27）。

如上所述，城镇广场最主要的功能还是为城镇的居民服务，为他们提供举行公共活动、日常休闲、生活购物的场所，为他们的出行、活动、生活提供方便。由于相对城市来说，城镇人口少、规模小，因而城镇广场的数量不可能太多，综合多种功能的广场具有更高的实用性。

3.3 城镇广场的规模容量和设计立意

3.3.1 城镇广场的场地分析和容量确定

场地的分析和选择是广场设计的立足点，也是一个广场取得成功的前提条件。场地分析，首先应了解基地周围建筑的状况，立足于城镇整体空间，对广场所处区域的周围环境进行分析，以确定广场位置是否合理，明确新设计的广场可能是受欢迎的，还是多余的。最好的广场位置应能吸引各式各样的人群来共同使用广场。

其次，应对所建的广场有一个整体的认识，即确定广场的性质、容量和风格。广场性质一般可分为市政、交通、休闲、商业等。广场的容量估计，即广场的人流密度和人均面积指标，它涉及城镇总体规划方案、城镇人流量和交通量的统计，还涉及广场使用者的行为规律。一般来说可按下列指标估算，人流密度以 1.0 ~ 1.2 人 /m² 为宜，广场人均占地面积可约为 0.7 ~ 1m²。此外还要根据城镇的整体风貌确定广场的风格，是现代风格还是传统中国园林风格，是开敞空旷的还是封闭等。

再次，场地分析还应结合自然气候特征，对基地地形进行分析研究，确定可利用要素和需要改造的问题。对于广场和围合它的建筑而言，朝向影响到广场的日照和建筑的采光。根据调查统计数字分析，有 1/4 的人去广场时首先考虑的是享受阳光，所以广场的位置选择应考虑日照条件，即已建成或将建成的建筑对它产生的影响，以争取最多的阳光。对于因围合需要而不得不采用东西向布置的时候，应当尽量满足主要使用功能部分南北向布置。广场南面应当开敞，周围避免布置高大建筑物，以防止广场笼罩在高大建筑物的巨大阴影之中；广场的布置应当面向夏季主导风向，要对周围建筑规模和形状进行综合考察，要考虑好风向的入口和出口，不得影响通风。周围街道也是引导风的通道，应加以利用。

广场的设计还应注重分析场地周围是否与人行道系统相连通。有条件时，广场最好和人行道、商业步行街联系便捷，以增加广场对人的吸引力。研究表明，只要广场与人行道相连，那么就会有

30%～60%的行人穿越或使用它。当广场越大或是位于街角时，使用率越高，而当广场狭窄或广场与人行道之间存在障碍时，使用率就会下降。

3.3.2 城镇广场的设计立意

一个好的空间环境，应该有某种设计主题。一个广场的成功与否并不仅在于它是否有好的空间元素，好的功能结构。高质量的广场更应体现为整体的优化，而不是局部的出色，因此丰富的文化内涵、好的立意就显得尤其重要。在了解了场地状况后，广场的空间形态还会受到许多已知外部条件的制约。这种制约一方面可以看成是广场设计中的限制，另一方面则可以看成是广场空间设计的立足点，甚至是机遇。因此在设计过程中，应当立足于基地现状、广场的功能特点以及城镇发展的要求，创造出能够提高城镇局部空间效益的广场空间。表达主题的手法很多，诸如建筑、雕塑、标志、重复使用相同母题、创造某种氛围等。在主题比较明确的环境中，用以表达主题的设计通常处于重要位置，如广场的几何中心，体量突出或色彩鲜艳。

一般来说，广场的立意包括空间立意、功能立意、发展立意三方面。

（1）空间立意

场地的状况为设计师提供创作多种方案的可能性，设计师的工作是选择其中最合适的一种，并加以发挥，这个过程同时也是设计师立意的过程。譬如：对于繁华的地段，休闲广场的空间组织可以从“闹中取静”入手，以“都市田园”立意，创造具有一定内向性和封闭感的空间；而对于用地开阔或风景区中的广场，则应当以“海纳百川”的思想，积极引入外部环境的景观。地方性的文化环境是城镇休闲类广场设计中最可利用的资源，广场环境中与地方文化脉络相联的元素，是广场创作时必须考虑的重要因素。城镇广场不仅需要能够取得良好的景观效果，满足使用的需要，更应该追求高质量的文化品位。

美国宾夕法尼亚州的迎宾广场虽然地处费城的中心区，但它的设计创意不失为城镇广场设计的范例。该广场紧紧围绕威廉·佩恩和费城建城的故事展开设计，从地面铺砌、小品绿化到空间组织都体现了这一纪念性主题。费城在美国历史上有着举足轻重的作用，城市中保留了许多与纪念美国脱离英国殖民地获得解放相关的建筑和纪念物。广场地面铺砌的石头描绘出两条河流之间的城市平面图，包括城里的街区和广场。白色大理石代表城市街道，城市的广场则是由四棵树下的浅花台代表。城市的主要街道“宽街”和“高街”在公园中心处交汇，其上立有一座佩恩的纪念碑。一座青铜模型标出了板岩屋顶住宅原来的位置。此外，广场的东面和南面还有一道1.8m高的围墙，上面铺设了搪瓷板，向人们描述了费城的形成经过，以及佩恩的生活和工作概况。这道墙同时还是一块教育用的黑板，用来宣传公园的设计及其在城市景观中所处的地位（图3-28、图3-29）。

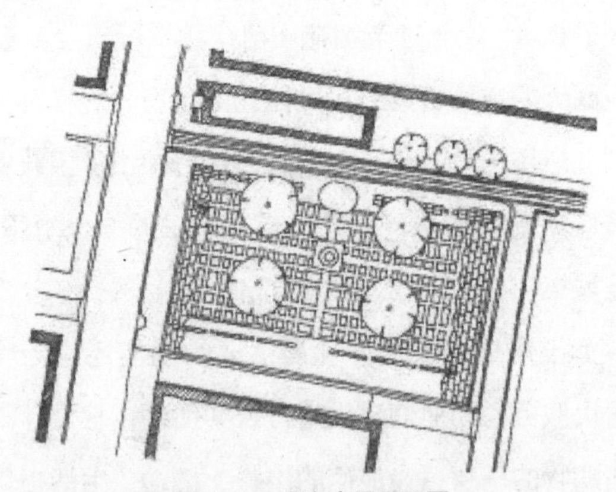

图 3-28　迎宾广场平面图

图 3-29　地面上的纪念性文字

与这些纪念性广场的主题相比，德国奥斯特林根市集广场的立意则更具新意。奥斯特林根市集广场，以复兴“溪之市”为设计思想。该主题来自贯穿于这一新规划区域的一条小溪，小溪是露天流动的，它所在的沟渠按照天然河道来设计。广场分为两部分，靠近小溪边的是地势稍高的休憩区，建有长椅和水上过道，栽有对这部分广场起统领作用的老梧桐树和四棵点缀在小溪旁的日本泡桐树。广场的另一个部分则是与街道高度一致的交通区，这部分区域可以举行庆祝活动，还可以停放车辆。围绕“溪之市”的主题，第二个广场上也有“小溪”，但这条小溪仅仅是对地下溪流进行模仿的水槽。水槽以墙板的形式出现，强调了主题的同时还划分了场地，表明了不同场地的不同功能：小憩区、人行道、快车道、停车场等（图3-30、图3-31）。

图 3-30　奥斯特林根市集广场平面图

图 3-31　对地下溪流进行模仿的水槽

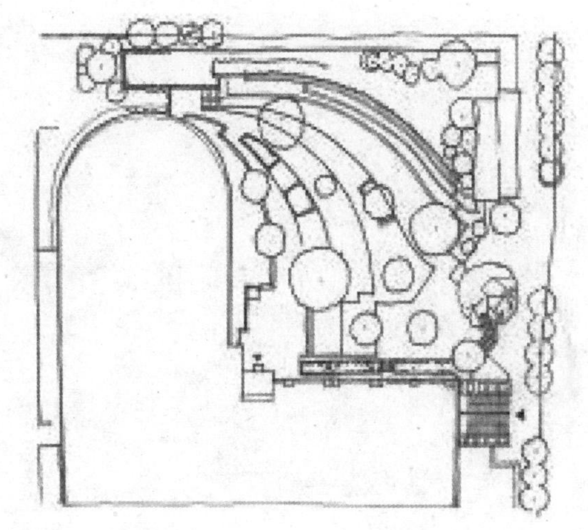

图 3-32　市府广场平面图

图 3-33　瀑布与踏步在形式上对应

日本别府市市府广场则用“既温和又权威的面孔欢迎市民和来访者”作为设计理念，打破了传统市政广场的呆板面孔，给人耳目一新的感觉。市政建筑形成了城市轴线，这条轴线一直延伸到大海，并通过层层踏步抽象地表达出“波浪冲刷海岸”的主题。踏步前方有一瀑布，沙滩、大海、海岸则是设计的全部元素（图 3-32 ～图 3-34）。

（2）功能立意

城镇对广场的功能要求是广场空间设计中所必须满足的。但是广场的空间设计不应仅以满足这些功能为目标，可以在这些功能提供的内容上进行有特色的立意，从而使广场空间具有个性化的形象和适宜的功能。近年来广场空间系统的功能趋向多样化和多元化，使得广场的主题选择有了更宽的范围。

图 3-34　沙滩、大海、海岸是设计的全部元素

日本的开港广场，1854 年在这个广场附近签订了日美亲善条约和日美友好条约，横滨市政府决定建设此广场以记录这些历史事件。该广场在规划设计时不仅考虑了历史纪念的功能，还对休闲娱乐功能进行了充分的考虑。广场上的喷泉被称为“港口之源泉”，喷泉周围用石子如海浪般围绕，象征着西方文化对日本的影响。喷泉的底部是一个名为“腾跃”的池塘，水深最深为 15cm，夏天人们可在此戏水纳凉，这里就是孩子们的乐园。喷泉周围围绕着 12 个不锈钢的镜子，镜子代表现代文明，使人联想到时间的流动，镜子的反射反映了当今异彩纷呈的世界。这组设施在富含深刻寓意的同时为人们提供了一个玩耍的场景，12 个镜子的底部被嵌入在地面上，发出 12 束光，由于这些多变的光使接近镜子的参观者的影子互相交错，创造出十分有趣的效果。地面上镶嵌着 10 个青铜标志，刻着横滨的 10 个友好城市与世界港口的徽章形象。另外，在广场施工期间发现了一个日本明治时期的下水道出入孔，设计者将其用玻璃封起，放在人们可以看到的地方并保护起来，体现了该设计不侵犯环境的观念（图 3-35、图 3-36）。

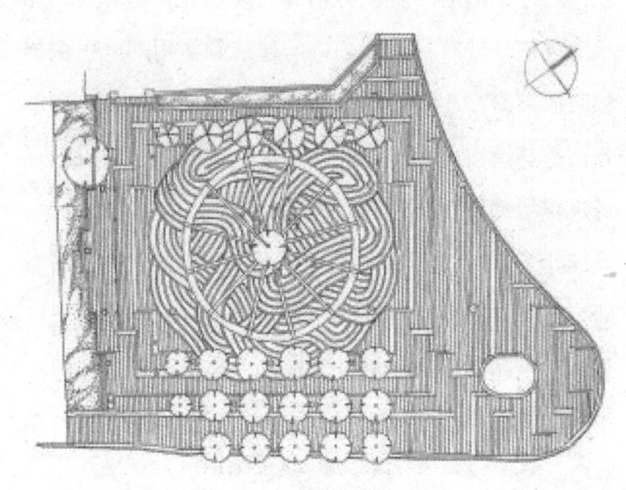

图 3-35　开港广场平面图

图 3-36　开港广场俯

（3）发展立意

城镇的生态平衡和可持续发展，对广场的立意提出了较高的要求。广场建设不能在广场工程竣工之后就算完结，而应当体现在广场的全寿命过程中，以达到维护场地自然生态平衡和优化城市局域生态状况的目的。广场所处的基地，可能会存在着比较稳定的生态小系统，广场新的空间形态的确立，不应对现存的生态平衡起破坏的作用，而是要维持这种平衡，保全有益的生态因素，因而广场也是城镇生态链中起着积极作用的因子。广场可以通过发挥水面、植被的生态效益，使空间的生态质量得以提高，从而为提升城镇整体的品质作出贡献。城镇中引入广场的目的之一，就是为了缓解城镇的生态危机，“绿色”因此成为广场最常用的“母题”。因而广场的立意主题应当是有一定的超前性和前瞻性的。譬如：“生态圈”广场、可变更的广场、“绿肺”广场等。

3.4 城镇广场设计的空间构成

3.4.1 城镇广场的空间形态

广场按空间形态可划分为平面型和空间型。

（1）平面型广场

平面型广场又可以分为规则型和不规则型两种。

①规则型是指广场平面以完整的方形、圆形、半圆形及由其发展演变而来的对称多边形、复合形等几何形态构成。这些规则的广场平面多为经过有意识的理性设计而来，因其容易表达庄严、肃穆的效果，所以市政广场和纪念性广场多数属于此类型。如前述青海省西海镇政府广场（图 3-18）。该广场呈长方形，从构图到绿化设计都保持了严格的对称，塑造了政府前广场庄严的形象。又如斯洛文尼亚的塔尔蒂尼广场，这个可以看到港口秀丽风景的广场由废弃的船坞改造而成。广场呈纯净的白色椭圆形，并围绕这个椭圆来组织空间小品，将不规则的空间形状统一起来（图 3-37）。

图 3-37　呈椭圆形塔尔蒂尼广场

②不规则型广场，即由不规则的多边形、曲线形等形态构成。这种不规则的形状往往是顺应城镇街道、建筑布局而自然形成的。一般出现在居住区或商业区中，因其和周围环境有着密切联系、能够自然融合且灵活多变，因此受到广大居民的青睐。

（2）空间型广场

由于科学技术的进步和城镇公共空间的日趋紧张，广场的形态有从平面形态向空间形态发展的趋势。因为立体空间广场可以提供相对安静舒适的环境，又可充分利用空间变化，获得丰富活泼的城市景观。与平面型广场相比较，上升层、下沉层和地面层相互穿插组合的立体广场，更富有层次性和戏剧性的特点。在城镇建设中，适当地在设计中加入空间因素，可以增加城镇广场空间的趣味性。如前面所列的绍兴鲁迅文化广场在设计上就采用了局部下沉式广场，广场空间在垂直方向得到了扩大。在丰富了广场空间的同时，增加了层次感和时代感，使广场边仅 3m 宽的河道在视觉上显得宽畅。

3.4.2 城镇广场的空间围合

广场的空间围合是决定广场特点和空间质量的重要因素之一。适宜、有效的围合可以较好地塑造广场空间的形体，使人产生对该空间的归属感，从而创造安定的环境。广场的围合从严格的意义上说，应该是上、下、左、右及前、后六个方向界面之间的关系，但由于广场的顶面多强调透空，故通常的讨论多在二维层面上。

广场围合有以下四种原型（图 3-38）。

1）四面围合的广场

这种广场封闭性极强，具有强烈的内聚力和向心性，尤其当这种广场的规模较小时。

2）三面围合的广场

这种广场的围合感较强，具有一定的方向性和向心性。

3）二面围合的广场

空间限定较弱，常常位于大型建筑之间或道路转角处，空间有一定的流动性，可起到城市空间的延伸和枢纽作用。

4）一面围合的广场

封闭性很差，规模较大时可以考虑组织二次空间，如局部上升或下沉。

尽管广场的平面形式以矩形为多，但其实平面形式变化多种多样，以上所讨论的四个围合面只是以大的空间方位进行划分的。总体而言，四面和三面围合的广场是最传统的，也是城镇较多出现的广场布局形式，如前所述的意大利 MERCATO 广场和坎波广场都是这种典型的围合方式。作为城镇的公共起居室，这些广场四周围合较为封闭，为城镇人们的公共生活提供了心理上相对安全隐蔽的空间。简单围合则是目前我国城镇广场空间的发展方向，尤其在新建设的开发区中使用广泛。这样的空间较开敞，适于举行市政活动，易于达到成为标志的景观效果，但综合效益较差。而我国城镇新建的广场大多属于此种类型。

空间划分有围合、限定等多种方式，主要可分为实体划分和非实体划分两种。

1）实体划分

实体包括建筑小品、植物、道路、自然山水等，其中以建筑物对人的影响最大，最易为人们所感受。这些实体之间的相互关系、高度、质感及开口等对广场空间有很大影响，高度越高，开口越小，空间的封闭感越强；反之，空间的封闭感较弱（图 3-39）。对于广场空间而言，实体尤其是建筑物应在功能、

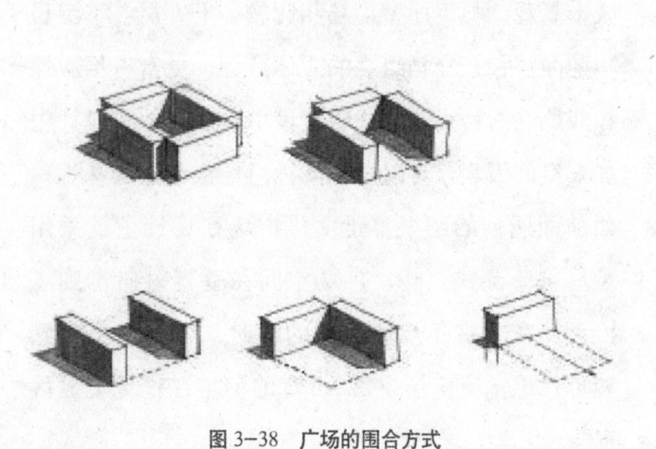

图 3-38　广场的围合方式

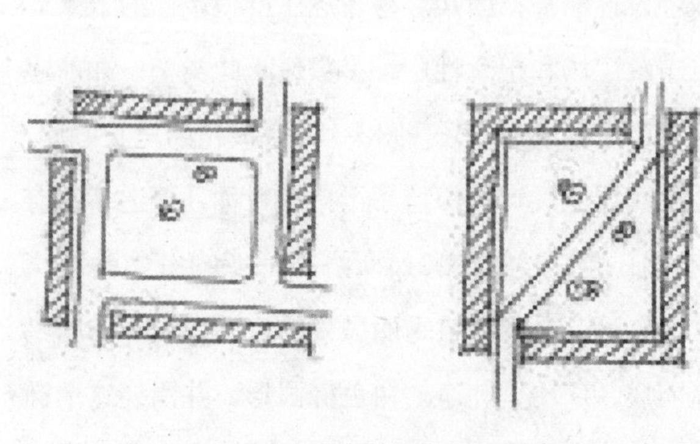

图 3-39　广场的不同开口方式

体量、色彩、风格、形象等方面与广场保持一致性。广场的质量来自于广场各空间要素之间风格的统一。一旦建筑实体过于强调独创、个性和自身的完整，将意味着肢解了广场空间的整体性。

2）非实体划分

非实体要素的围合则可通过地面高差、地面铺装、广场开口位置、视廊等设计手法来实现。同时，还要注意在入口处向广场内看的视线设计问题。意大利许多古老的城镇广场均是以教堂为主体建筑控制全局，广场的围合感很强，但从广场的各个入口处，仅能看到教堂的某个局部，美丽如画的引道则不停地吸引着人们的视线。

目前我国城镇兴建的很多广场都没有很好的注重广场的围合感，周边建筑物设计粗糙，围合立面不精致或周边建筑杂乱无章，这些都有损于广场形象。这必须请广大设计者引以为戒，充分发挥聪明才智，充分注意广场周边建筑的造型设计，营造独具特色的城镇广场。

3.4.3 城镇广场的尺度和比例

广场的尺度应考虑多种因素的影响，包括广场的类型、交通状况以及广场建筑的性质以及布局等，但最终是由广场的功能即广场的实际需要决定的。如游憩集会广场集会时容纳人数的多少及疏散要求，人流和车流的组织要求等；文化广场和纪念性广场所提供的活动项目和服务人数的多少等；交通集散广场的交通量大小、车流运行规律和交通组织方式等。总的来讲，小城市或城镇的中心广场不宜规划太大，广场的面积以 1 ～ 2hm^2 为宜。除中心广场外，还可结合需要设置小型休闲广场、商业广场等其他不同类型的广场。

在满足了基本的功能要求后，一般来说广场尺度的确定还要考虑尺寸、尺度和比例。人类的五官感受和社交空间划分为以下三种景观规模尺寸。

1）25m 见方的空间尺寸

日本学者芦原义信指出，要以 20 ～ 25m 为模数来设计外部空间，反映了人的“面对面”的尺度范围。这是因为人们互相观看面部表情的最大距离是 25m。在这个范围内，人们可自由地交流、沟通，感觉比较亲切。超过这个尺寸辨识对方的表情和说话声音就很困难。这个尺寸常用在广场中为人们创造进行交流的空间。

2）110m 左右的场所尺寸

广场尺寸根据对大量欧洲古老广场的调查，一旦超出 110m，肉眼就只能看出大略的人形和动作，这个尺寸就是我们常用的广场尺寸。超过 110m 以后，空间就会产生广阔的感觉，所以尺寸过大广场不但不能营造出“城镇起居室”的亲切氛围，反而使人自觉渺小。

3）390m 左右的领域尺寸

适用于大城市或特大城市的中心广场。大城市户外空间如果要创造一种宏伟深远的感觉时才会用到这样的尺寸，城镇广场一般不应用这样的尺寸。

空间的尺度感也是广场设计中需要考虑的尺度因素。尺度感决定于场地的大小、延伸进入邻接建筑物的深度、周围建筑立面的高度与它们体量的结合。尺度过大有排斥性，过小有压抑感，尺度适中的广场则有较强的吸引力。在城市设计中，提倡以“人”为尺度来进行设计，因为日常生活中人们总是要求一种内聚、安全、亲切的环境。就人与垂直面关系而言，主要由视觉因素决定，如 H 代表界面的高度，D 代表人与界面的距离，则有下列的关系（图 3-40、图 3-41）。

D/H=1，即垂直视角为 45°，可看清实体的细部，有一种内聚、安全感。

D/H=2，即垂直视角为 27°，可看清实体的整体，内聚向心不致产生排斥离散感。

D/H=3，即垂直视角为 18°，可看清实体与背景的关系，空间离散，围合感差。

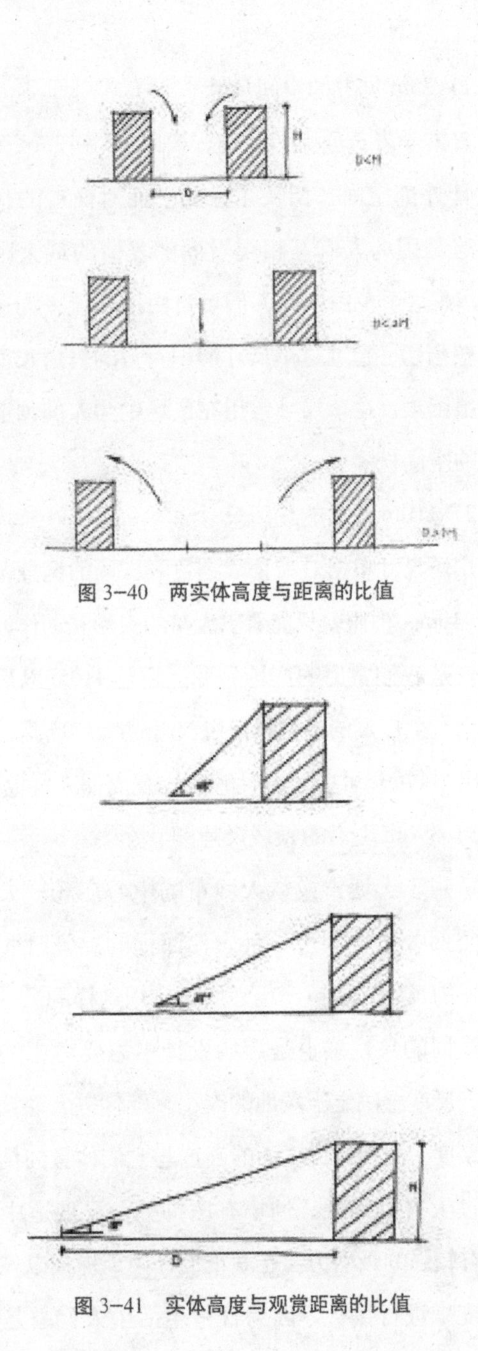

图 3-40　两实体高度与距离的比值

图 3-41　实体高度与观赏距离的比值

$D/H>3$，即垂直视角低于 18°，建筑物会若隐若现，给人以空旷、迷失、荒漠的感觉。

所以 D/H 在 1 ~ 3 之间是广场视角、视距的最佳值。

广场的比例则有较多的内涵，包括广场的用地形状、各边的长度尺寸及比例、广场的大小与广场上建筑物的体量之比、广场上各个组成部分之间相互的比例关系、广场的整个组成内容与周围环境的相互关系等。

从景观艺术的角度考虑，广场与建筑物的关系决定其大小。设计成功的广场大都有如下比例关系：

① $1 \leqslant D/H<2$；

② $L/D<3$；

③广场面积小于广场上建筑面积的三倍。

式中：D ——广场宽度；

L——广场的长度；

H——建筑物的高度。

但建筑物的体型与广场的比例关系，可以根据不同的要求用不同的手法来处理。有时在较小的广场上布置较大的建筑物，只要处理得当，注意层次变化和细部处理，尽管会显示出建筑物高大的体形，但也会得到很好的效果。

广场尺度不当，是城镇广场建设失误的重要原因之一。城镇与大中城市最大的区别就体现在空间尺度上，空间尺度控制是否合理直接关系着城镇的“体量”。大中城市有大中城市的尺度，城镇有城镇的尺度，如果不根据具体情况盲目建设，显然是不合适的。许多城镇在建设过程中都有着尺度失调的现象，为了讲求排场，建设大广场，使城镇广场与城镇亲切的尺度相违背。毕竟与大城市相比，城镇用地规模小，功能组成及广场类型相对简单，对广场定量不当就会在广场建设中产生偏差与失误。如北京顺义某镇的广场，占地 18.28hm^2，中心为露天半圆形剧场及下沉广场，其尺度之大即使置于大城市中心区也是合适的，四周则是宽阔的环形绿化带，其间穿插着两个喷泉广场和硬质铺地等。广场中心区由于尺度过大，显得空旷而缺乏生气，四周的绿地虽然面积大但缺乏对人活动方式的考虑，显得人气不足，大而不当。当然，作为城镇的中心广场，追求气魄宏伟无可厚非，但其基本理念还是应以城镇居民平等共享、自由使用为核心。因此，广场空间的亲和度、可达性、可停留性显得尤为重要（图 3-42、图 3-43）。

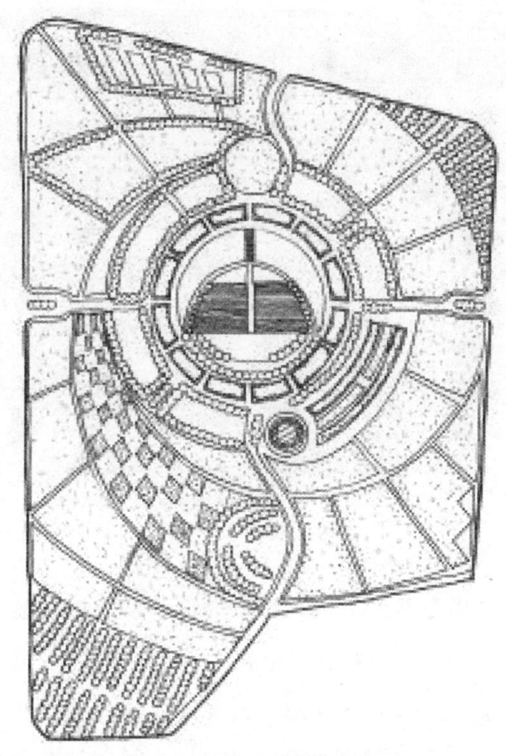

图 3-42　北京顺义某镇广场平面图

图 3-43　喷泉广场

3.5 城镇广场设计的空间组织

广场的空间组织必须按广场的各项具体功能进行安排，人在广场中的活动是多样化的，这就要求广场的功能也是多样化的，因而直接导致了广场空间的多样化。广场的功能要求按照实现步骤的不同，大致可以分为两类：整体性的功能和局部性的功能。整体性的功能目标确定属于广场创作的立意范畴，局部性的功能则是为了实现广场的“使用”目的，它的实现则必须通过空间的组织来完成。

3.5.1 城镇广场的空间组织要点

（1）整体性

整体性包括两方面内容：一方面是广场的空间要与城镇大环境新旧协调、整体优化、有机共生。特别是在旧建筑群中，创造的新空间环境，它与大环境的关系应该是“镶嵌”，而不是破坏，整体统一是空间创造时必须考虑的因素之一；另一方面是广场的空间环境本身，也应该是格局清晰，严谨中求变化，整体有序是产生美感的重要因素。由于环境设计手段十分丰富，因而设计者最容易犯的毛病是从某个好的设计中所得到的启发，要用在自己的设计中，有时甚至几个好的想法，全部拥挤在一个设计中，造成彼此矛盾，内容庞杂零乱。因此，环境设计者特别要学会取舍，重视安排空间秩序，在整体统一的大前提下，善于运用均衡、韵律、比例、尺度、对比等基本构图规律，处理空间环境。

意大利维托里奥·埃马努埃莱广场就是一个注重整体性的优秀实例。该广场是意大利南部圣塞韦里娜镇的中心广场，小镇非常古老，因一个 12 世纪的城堡和一个拜占庭式教堂而闻名，而维托里奥·埃马努埃莱广场就坐落于这两个主要纪念物之间。精致的地面设计明确区分了广场与公园两个不同性质的主要空间，整个广场全部使用简洁的深色石块铺砌地面，使广场成为一个整体。而地面上的椭圆图案才是使这个不规则空间统一起来的真正要素，几个大理石的圆环镶嵌在深色的地面上，像水波一样延续到广场的边界，圆环的中心是一个椭圆形状的风车图案，指示出南北方向。连接城堡和教堂大门的白色线条是第二条轴线，风车的图案指示着最盛行的风向。轴线和圆的交接处重复使用几个魔法标志，南北轴线末端的石灰岩区域包含着天、星期、月和年四个时间元素。

该轴线区域内还有金、银、汞、铜、铁、太阳、月亮、地球等象征性的标志。总之，广场的设计在众多的细部中体现出简洁、统一的整体性特征（图 3-44 ~ 图 3-46）。

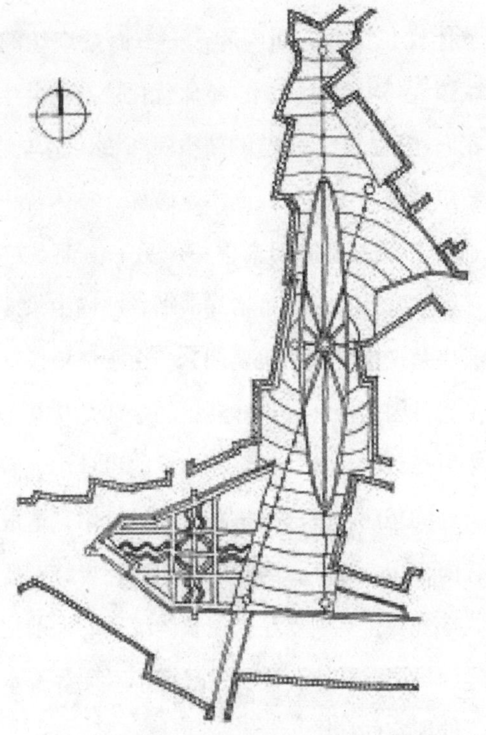

图 3-44　维托里奥・埃马努埃莱广场平面图

图 3-45　地面上的椭圆图案使不规则空间统一起来

图 3-46　椭圆形状的风车图案指示出南北方向

（2）层次性

随着时代的发展，广场的设计越来越多地考虑人的因素，人的需要和行为方式成为了城镇公共空间设计的基本出发点。城镇的广场多为居民提供集会活动及休闲娱乐场所的综合型广场，尤其应注重空间的人性特征。广场由于使用者的不同性别、不同年龄、不同阶层和不同个性人群心理和行为规律的差异性，空间的组织结构必须满足多元化的需要：包括公共性、半公共性、半私密性、私密性的要求，这决定了城镇广场的空间构成方式是复合的。

整体广场空间在设计时，根据不同的使用功能分为许多局部空间即亚空间，以便于使用。每个亚空间完成广场一个或两个功能，成为广场各项功能的载体，多个亚空间组织在一起实现广场的综合性。这种多层次的广场空间提升了空间品质，为人们提供了停留的空间，更好地顺应了人的心理和行为。

层次的划分可以通过地面高程变化、植物、构筑物、座椅设施等的变化来实现。领域的划分应该清楚并且微妙，否则人们会觉得自己被分隔到一个特殊的空间。整个广场或亚空间不能小到使人们觉得自己宛如进入了一个私人房间，侵犯了已在那里的人的隐私，也不应大到几个人坐着时都感到疏远。

广东省长安镇的长安广场空间划分就很有层次。广场中央区域为硬质铺地，可供公共活动、集会使用。正中的花坛汇聚了视线，起到了视觉中心的作用。中央区域四周为几个不同主题的亚空间。有的以花坛为主，营造精致的散步空间；有的以水景为主，布置出曲折动感的水池；有的以自然景观为主，绿树草地，清新怡人；有的以雕塑为主，显示出广场的标志性功能。这样多层次的亚空间组织起来，实现了广场多种功能的并存，营造出一个空间丰富的人性化场所（图 3-47 ～图 3-50）。

图 3-49 汇聚视线的中心花坛

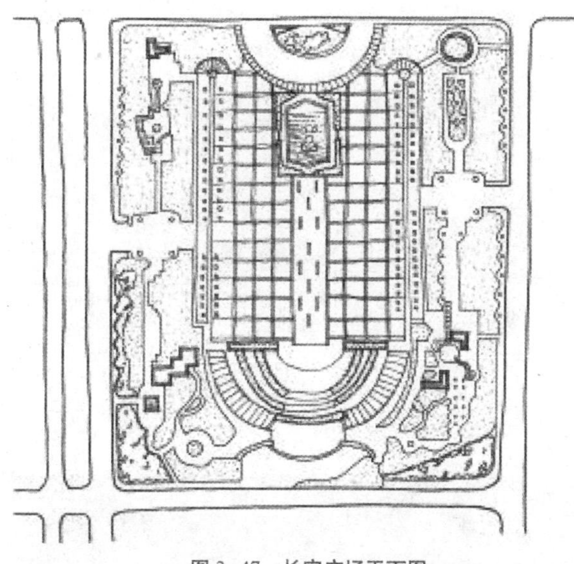

图 3-47 长安广场平面图

图 3-50 以水景为主的亚空间

图 3-48 以植物景观围合出的休憩空间

（3）步行设计

由于广场的休闲性、娱乐性和文化性，在进行广场内部交通组织设计时，要考虑到广场内应不设车流，而是步行环境，以保证场地的安全卫生，这是城镇广场的主要特征之一，也是城镇广场的共享性和良好环境形成的必要前提。在进行广场内部人流组织与疏散设计时，要充分考虑广场基础设施的实用性。目前许多广场种植大量仅供观赏的绿地，这是对游人行走空间的侵占，严重影响了广场实用性，绿草茵茵的景象固然怡人，但是如果广场内草坪面积过大，不仅显得单调，而且也为广场内人流组织设置了障碍。另外，在广场内部人行道的设计上，要注意与广场总体设计和谐统一，还要把广场同步行街、步行桥、步行平台、步行地下通道有机地连接起来，从而形成一个完整的步行系统。由于人们行走时都有一种“就近”的心理，对角穿越是人们的行走特性。当人们的目的地在广场外而要路过广场时，人们有很强烈的斜穿广场的愿望；当人的目的地不在广场之外，而是在广场中活动时，一般是沿着广场的空间边沿行走，而不选择在中心行走，以免成为众人瞩目的焦点。因此，在设计时，广场平面布局不要局限于直角。另外，人们在广场行走距离的长短也取决于感觉，当广场上只有大片硬质铺地和草坪，没有吸引人的活动时，会显得单调乏味，人们会匆匆而过，并且觉得距离很长；相反，当行走路程中有着多种不同特色的景观，人们会不自觉地放慢脚步加以欣赏，并且并不感觉到这段路程有多长。所以，地坪设计高差可以稍有变化，绿树遮阴也必不可少，人工景观要力求高雅生动，并与自然景观巧妙地糅合在一起。

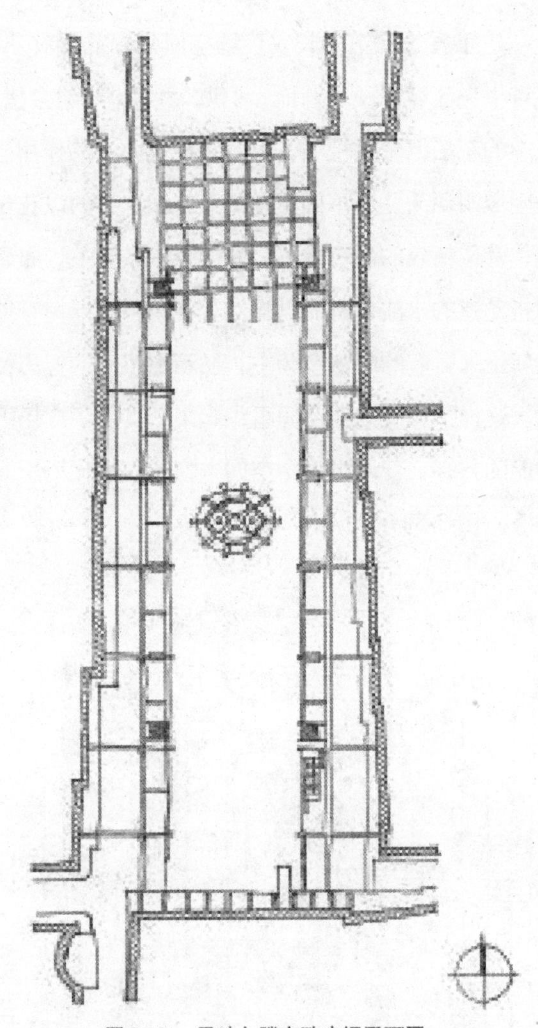

图 3-51　圣珀尔滕市政广场平面图

广场注重人车分流已引起普遍的重视，即广场空间的步行化。以便在广场活动的人们远离机动车的干扰，更感安全舒适。奥地利小城圣珀尔滕临近多瑙河，地处维也纳西部 60km 处，拥有居民 56000 人，圣珀尔滕市政广场既是城镇的主要广场，也是举办集市、节日、庆典和许多日常活动的场所。广场东西向长边是 19 世纪的商店和住宅等城镇房屋，两端分别是 16 世纪的市政大厅和 1779 年建的巴洛克式天主教堂。广场中心是一个建于 1782 年的砂岩纪念碑。市政广场以前一直是一个大型停车场，1995 年改造时，一个地下停车场于改造方案实施前建成，拥有 148 个车位的车库在整个广场的地下一层，入口通道则位于附近街道的两侧，而通往地下的楼梯则无声无息地融入广场简单的陈设之中（图 3-51 ~图 3-53）。

图 3-52　改造前广场是一个大型停车场

3.5.2 城镇广场的空间组织设计手法

广场空间的组织还要重视实体要素的具体设计

图 3–53　改造后的广场成了真正的市民广场

手法，因为实体要素能更直接地作用于人的感官，如硬质铺地、水景、植物绿化、环境小品、夜景照明等。

（1）发挥硬质景观在环境中的作用

硬质景观是相对于以植物和水体为主的软质景观而言的一种实体要素，主要指以混凝土、石料、砖、金属等硬质材料形成的景观。硬质景观常用的形式是建筑、铺地和环境艺术品。

铺地作为硬质景观在创造环境景观中有重要作用，应该引起足够的重视。如前所述的维托里奥·埃马努埃莱广场以丰富的地面设计诉说着古镇动人的历史； 圣珀尔滕市政广场在地面上使用各种材料和图案，清晰地描绘出不同的功能分区；马泰奥蒂广场的地面则是一幅大的欧普艺术绘画，使得整个广场充满节奏感和韵律感。铺地材料的选择应注重人性化。有的城镇片面地为了提高地面铺装的档次，大面积使用磨光花岗岩，导致雨雪天气时，地面又湿又滑，给广场上的行人安全带来极大的隐患。广场铺地比较适宜的是广场砖或凿毛的石材等有一定摩擦系数的建筑铺装材料。

小品指坐凳、路灯、果皮箱等设施。多数小品是具有一定功能的，可以称为功能性小品。广场空间环境中的环境小品，如：雕塑、壁画和传统艺术品等。新兴的波普艺术品以及动态艺术品，其布局和创作质量好坏直接影响环境质量。在设计时应注意使用一定的新技术、新材料，增加环境的时代气氛，如：彩色钢板雕塑、铝合金、玻璃幕、不锈钢等。而地方材料、传统材料的使用可使广场更具有地域感，从而增加识别性。另外，在广场空间环境中使用环境小品，特别要注意整体和谐关系。同是一把椅子，摆在什么位置面向什么景观就决定着人们的视线和心情。

（2）重视水景在环境中的作用

水景是重要的软质景观，也是环境中重要的表现手段之一。水景的表达方式很多，诸如喷泉、水池、瀑布、叠水等，使用得当能使环境生动有灵气。法国里昂的沃土广场水景设计手法值得借鉴。广场上有 69 股从小喷嘴中涌出的水柱，几乎覆盖了广场的整个地面，水柱仿佛是直接从地面喷射出来的，组成了一个欢乐的喷泉，给广场创造了独特的气氛。水流喷涌着发出悦耳的声音，加之光线与不断变化的景色组成了动听的乐曲（图 3-54 ～图 3-56）。

广场水景的设计要注重人们的参与性、可及性，以适应人们的亲水情结。同时，也还应注意北方和南方的气候差别。北方冬季气候寒冷，水易结冰，故北方城镇广场的水面面积不宜太大，喷泉最好设计成旱地喷泉，不喷水时，也可作为活动场地。

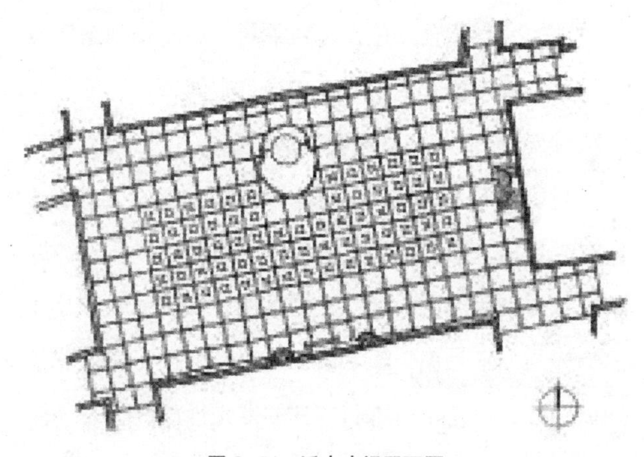

图 3–54　沃土广场平面图

图 3-55　水柱几乎覆盖了广场的整个地面

图 3-56　戏水的儿童

3-57　圣珀尔滕市政广场的夜景

（3）发挥植物绿化的作用

植物绿化不仅有生态作用，还起到分隔和联系空间的双重作用，是城镇广场空间环境的重要内容之一。由于植物生长速度缓慢，要特别注意对场地中原有树木的保留。还可采用垂直绿化的方式，充分利用建筑与小品的墙面、平台、平台栏板等做好绿化处理。如上文提到的玛泰奥蒂广场，其半圆部分就采用了多种树种的分层综合绿化，起到了划分界面和划定区域的作用，为广场营造了丰富的绿色空间。

（4）光影与夜景照明在环境设计中的作用

光影的使用是创造丰富环境效果的方法之一，应充分利用光影，增强造型效果，提高环境质量。近年来，夜景照明已引起广泛的重视，夜景照明涉及建筑物理的光学知识，除了要有色彩学知识、建筑美学知识以外，还要了解不同灯具的发光性能。随着经济的发展，夜景照明方法越来越丰富，使用范围越来越广泛。在广场环境设计时，夜景照明也应得到足够的重视（图 3-57）。

西班牙格拉诺列尔斯是一个约有 5 万居民的商业性小城，小城的巴郎日广场在空间及组成要素方面有很多有趣的手法，但最有特色的还是它的照明设计。广场地面上有三种很有特色的元素：最北端是一组金属棚，在正午的阳光中，人们可以在棚下找到荫凉；南端有几个低矮的半圆形装置，它们是广场灯具的一部分；广场西侧是一排有特色的座椅，它们位于条状广场照明装置的下方，晚上光线使它呈现出一种透视效果。广场精心布置的灯光设计，方便了公共空间的夜晚使用。广场一侧的射灯投向广场的中心，使得孩子们与年轻人可以在晚上继续他们的活动；朝向医院一侧的灯则被安得很低，而且光线较为暗淡；金属棚下，则以一组集中的照明映射这个静态的活动区。由于亮度的起伏变化，使广场既方便了使用又极富透视感（图 3-58 ～图 3-60）。

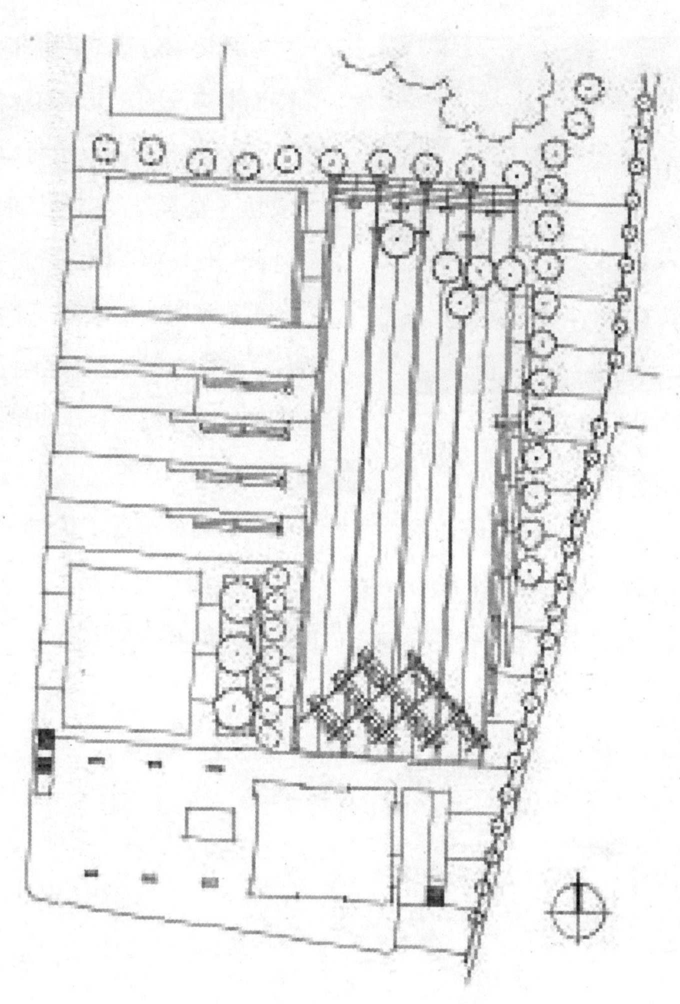

图 3–58　巴郎日广场平面图

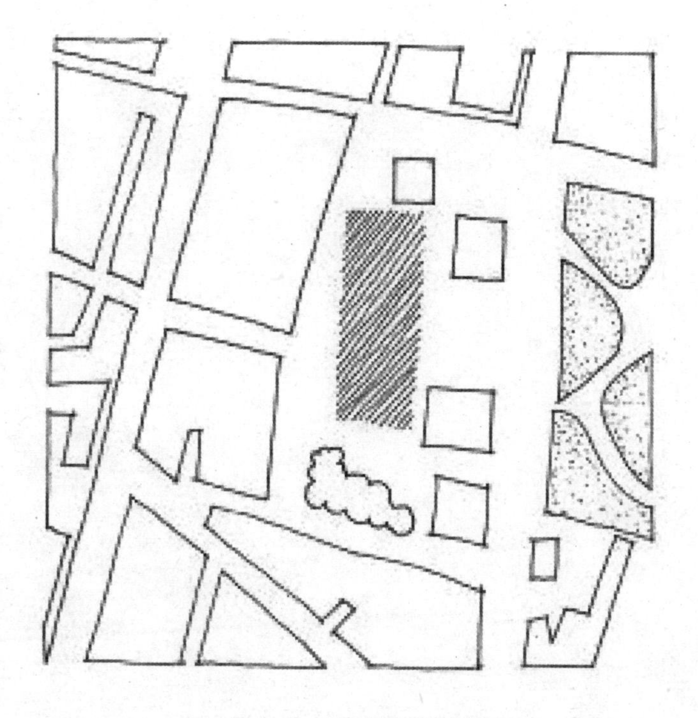

图 3–59　巴郎日广场总平面

图 3-60　广场南端低矮的半圆形照明装置

城镇的广场设计应以人的活动需求、景观需求、空间需求作为出发点，牢牢把握人文、文化、生态、社会、特色等几个基本原则，在此基础上对城市空间环境物质要素进行深入研究和精心设计。城镇通常是渐变而非突变的，文脉的观念要求我们要以整体的环境及历史为背景，以取得协调。但这不是作无原则的妥协甚至重复，应提倡创新的同时保持原有文脉的延续，使城镇得以进行正常的新陈代谢。克林·罗特别看好城市的拼贴性，他认为城市是一个文化的博物馆，每一个时期都有它自己的文化积淀，这些不同时期的文化积淀汇合在一起，使城市表现为一种拼贴画似的形态。在惠安中新广场的设计中，设计者对城市历史的尊重和对城市文脉的延续正基于此。通过历史实现主题的表达事实上是一种对社会及其文化生活的模式的必然反映。

4 城镇街道和广场的环境设施

城镇街道和广场环境设施主要是指城镇街道和广场外部空间中供人们使用、为居民服务的各类设施。环境设施的完善与否体现着城镇居民生活质量的高低，完善的环境设施不仅给人们带来生活上的便利，而且还给人们带来美的享受。

从城镇街道和广场建设的角度看，环境设施的品位和质量一方面取决于宏观环境（城镇街道和广场规划、住宅设计和绿化景观设计等），另一方面也取决于接近人体的细部设计。城镇街道和广场的环境设施若能与城镇街道和广场规划设计珠联壁合，与城镇的自然环境相互辉映，将对城镇街道和广场风貌的形成、对城镇居民生活环境质量的提高起到积极的作用。

4.1 城镇街道和广场环境设施的分类及作用

4.1.1 城镇街道和广场环境设施的分类

城镇街道和广场环境设施融实用功能与装饰艺术于一体，它的表现形式是多种多样的，应用范围也非常广泛，它涉及了多种造型艺术形式，一般来说可以分为六大类：

①建筑设施

休息亭、廊、书报亭、钟塔、售货亭、商品陈列窗、出入口、宣传廊、围墙等。

②装饰设施

雕塑、水池、喷水池、叠石、花坛、花盆、壁画等。

③公用设施

路牌、废物箱、垃圾集收设施、路障、标志牌、广告牌、邮筒、公共厕所、自动电话亭、交通岗亭、自行车棚、消防龙头、公共交通候车棚、灯柱等。

④游憩设施

戏水池、游戏器械、沙坑、座椅、坐凳、桌子等。

⑤工程设施

斜坡和护坡、台阶、挡土墙、道路缘石、雨水口、管线支架等。

⑥铺地

车行道、步行道、停车场、休息广场等的铺地。

4.1.2 城镇街道和广场环境设施的作用

在人们生存的环境中，精致的微观环境与人更贴近。它的尺度精巧适宜，因而也就更具有吸引力。环境对人的吸引力也就是环境的人性化。它潜移默化地陶冶着人们的情操，影响着人们的行为。

城镇街道和广场的环境与大城市不同，它更接近大自然，也少有大城市住房的拥挤、环境的嘈杂和空气的污染。城镇的居民愿意在清爽的室外空间从事各种活动，包括邻里交往和进行户外娱乐休闲等。街道绿地中的一座花架和公共绿地树荫下的几组坐凳，都会使城镇街道和广场环境增添亲切感和人情味，一些构思和设置都十分巧妙的雕塑也在城镇街道和广场环境中起到活跃气氛和美化生活的作用。一般来说环境设施有以下三种作用：

（1）功能作用

环境设施的首要作用就是满足人们日常生活的使用，城镇街道和广场路边的座椅、乘凉的廊子和花架（图 4-1）、健身设施（图 4-2）等都有一定的使用功能，充分体现了环境设施的功能作用。

图 4−1 花架

图 4−2 健身设施

（2）美化作用

美好的环境能使人们在繁忙的工作与学习之余得到充分的休息，使心情得到最大的放松。在人们疲乏，需要找个安逸的地方休息的时候，大家都希望找一个干净舒适，周围有大树，青草，能闻到花香，能听到鸟啼，能看到碧水的舒适环境。环境设施像文坛的诗，欢快活泼，它们精巧的设计和点缀可以让人们体会到"以人为本"设计的匠意所在，可以为城镇街道和广场环境增添无穷的情趣。阳光球雕塑（图 4-3）、公共绿地的休息棚（图 4-4）。

（3）环保作用

城镇街道和广场的设施质量，直接关系到街道和广场的整体环境，也关系到环境保护以及资源的可持续利用的问题。在中国北方的广大地区，水的缺乏

图 4−3 阳光球雕塑

图 4−4 公共绿地的休息棚

一直是限制地方经济以及城镇发展的重要因素之一。因为北方的广大城镇非常缺水，加上大面积的广场、人行道等路面铺装没有使用渗水性建筑材料，只能眼巴巴地看着贵如油的“水”流走。如果城镇的步行道铺地能够做成半渗水路面，并在砖与砖之间种植青草，那么不但可以提高路面的渗水性能，还可以有效地改善街道和广场的环境质量。街道和广场的步行道铺设了石子，既美观又有利于降水的回渗（图 4-5、图 4-6）。

图 4-5 步行石子路

图 4-6 石子路面更适宜用作步行路

4.2 城镇街道和广场环境设施规划设计的基本要求和原则

4.2.1 规划设计的基本要求

（1）应与街道和广场的整体环境协调统一

街道和广场环境设施应与建筑群体，绿化种植等密切配合，综合考虑，要符合街道和广场环境设计的整体要求以及总的设计构思。

（2）街道和广场环境设施的设计要考虑实用性、艺术性、趣味性、地方性和大量性

所谓实用性就是要满足使用的要求；艺术性就是要达到美观的要求；趣味性是指要有生活的情趣，特别是一些儿童游戏器械应适应儿童的心理；地方性是指环境设施的造型、色彩和图案要富有地方特色和民族传统；至于大量性，就是要适应街道和广场环境设施大量性生产建造的特点。

4.2.2 规划设计的基本原则

（1）经济适用

城镇街道和广场的环境设施设计不能脱离对形成城镇自身特点的研究，所以城镇街道和广场环境设施应当扬长避短，发挥优势，保持经济实用的特点。尽量采用当地的建筑材料和施工方法，提倡挖掘本地区的文化和工艺进行设计，既节省开支，又能体现地域文化特征（图 4-7、图 4-8）。

图 4-7 绿茵覆顶的凉亭

图 4-8　以当地草本植物覆顶的凉亭

图 4-9　石茶座

(2) 尺度宜人

城镇街道和广场与大中城市最大的区别就体现在空间尺度上，空间尺度控制是否合理直接关系着城镇街道和广场的“体量”。如果不根据具体情况盲目建设，向大城市看齐，显然是不合适的。个别城镇街道和广场刻意模仿大城市，环境设施力求气派，建筑设施和雕塑尺度巨大，没有充分考虑人的尺度和行为习惯，给人的感觉很不协调。城镇的生活节奏较之大城市要慢一些，城镇街道和广场人们生活，休闲的气氛更浓一些，所以城镇街道和广场的环境设施要符合城镇的整体气质，环境设施的尺度更应亲切宜人，从体量到节点细部设计，都要符合城镇居民的行为习惯。

(3) 展现特色

环境设施的设计贵在因地制宜，环境设施的风格应当具有地域特色。欧洲风格的铁制长椅、意大利风格的柱廊虽然给人气派的感觉，但是却失掉了中国城镇本来的特色。环境设施特色设计应立足于区域差异，我国地域差异明显，包括自然环境、区位条件、经济发展水平、文化背景、民风民俗等各方面的差异，为各地城镇环境设施特色的设计提供了广阔的素材，特色的设计应立足于差异，只可借鉴，切勿单纯地抄袭、模仿、套用。城镇街道和广场环境设施设计要有求异思维，体现自己的地域特色与文化传统。

图 4-10　石园灯

图 4-11　原石花盆

在以石雕之乡著名于世的福建惠安在很多街道和广场的环境设施中都普遍地采用石茶座（图 4-9）、石园灯（图 4-10）、原石花盆（图 4-11）等，充分展现其独特的风貌。

(4) 时代气息

传统的文化是有生命的，是随着时代的发展而发展的。城镇街道和广场环境设施的设计应挖掘历史和文化传统方面的深层次内涵，重视历史文脉的继承、延续，体现和发扬有生命的传统文化，但也应有创新，不能仅仅从历史中寻找一些符号应用到设计之中。现代风格的城镇街道和广场环境设施设计要简洁、活泼，能体现时代气息。要将传统文化与设计理念、现代工艺和材料融合在一起，使之具有时代感。美是人们摆脱粗陋的物质需要以后，产生的一种高层次的精神需要。所以新技术、新材料更能增加环境的时代气息，如：彩色钢板雕塑、铝合金、玻璃幕、不锈钢等，图 4-3 的阳光球就是采用轻质不锈钢龙骨，外包阳光板制成的。

（5）注重人文

材料的选择要注重人性化，如座椅以石材等坚固耐用材料为宜。金属座椅适宜常年气候温和的地方，金属座椅在北方广场冬冷夏烫，不宜选用。在北方的冬天，积雪会使地面打滑，所以城镇街道和广场公共绿地、园路的铺地就不宜使用磨光石材等表面光滑的材料。福建惠安中新花园在石雕里装设扩音器，做成会唱歌的螺雕，颇具人性化，如螺雕音响（图 4-12）。

图 4–12　螺雕音响

4.3 功能类环境设施

4.3.1 信息设施

信息设施的作用主要是通过某些设施传递某种信息，在城镇街道和广场主要是用作导引的标识设施。指引人们更加便捷地找到目标，它们可以指示和说明地理位置，提示住宅以及地段的区位等。如组团入口标志（图 4-13），交通指示牌（图 4-14）。

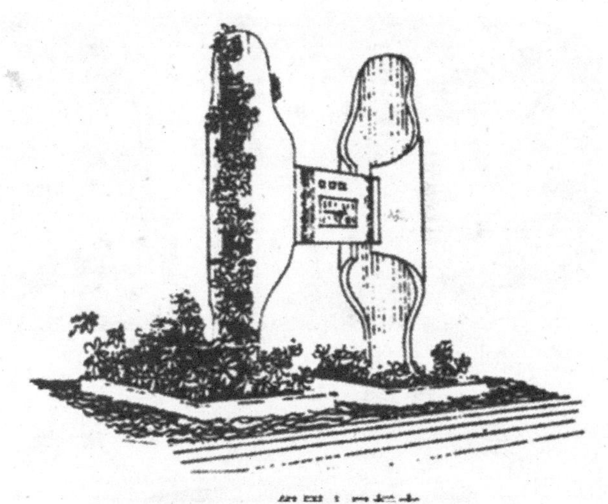

图 4–13　组团入口标志

图 4–14　交通指示牌

道路标识系统。北京的路标有白色底色红色字体的，还有绿色底色白色字体的，白色的指向东西的街，绿色的指向南北的街（图 4 -15 ~ 图 4 -16）。还有一些红底白字的路标，多出现在一些胡同口的位置（图 4-17）。

交通指路标志，作为交通参与者的“出行指南”，在保障道路交通安全畅通、引导人们顺利出行方面发挥着重要作用。北京的道路指示标志为蓝底白字，版面分为 2m × 4m、1m × 2m 等若干规格，标志的汉字高度为 40cm，指路标志的英文标注字符字高为汉字字高的 1/3 ~ 1/2（图 4-18 ~ 图 4-21）。

4.3.2 卫生设施

卫生设施主要指垃圾箱、烟灰皿等。虽然卫生设施装的都是污物，设计合理的卫生设施应能尽量遮蔽污物和气味，但还要通过艺术处理使得它们不会影

图 4–15　东西方向路标

图 4–16　南北方向路标

图 4–17　胡同路标

图 4–18　交通指路标一

图 4–19　交通指路标二

图 4–20　交通指路标三

图 4–21　交通指路标四

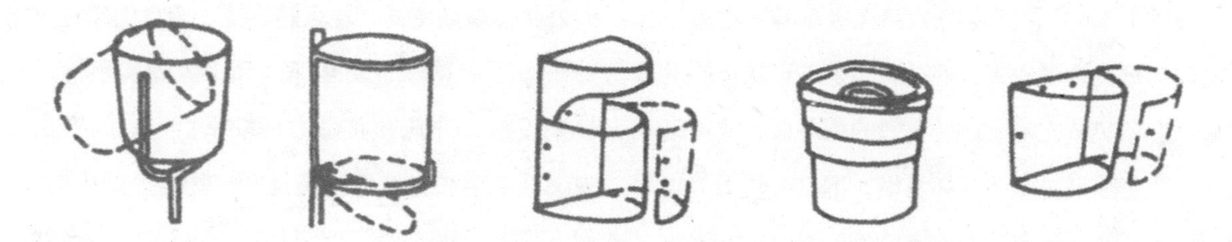

图 4-22　各种类型的垃圾箱
（来源：胡长龙《园林景观手绘表现技法》2010）

(a)　(b)　(c)

(d)　(e)

图 4-23　各种造型的垃圾箱
(a) 自然木纹垃圾箱；(b) 简洁造型垃圾箱；(c) 金属垃圾桶；(d) 分类回收垃圾箱；(e) 自然树根造型垃圾箱图

响景致，甚至成为一种点缀。

（1）垃圾箱

“藏污纳垢”的垃圾箱经过精心的设计和妥善的管理也能像雕塑和艺术品一样给人以美的感受。如将垃圾箱设计成根雕的样式，不但没有影响整体景观效果，而且还是一种景致的点缀。图 4-22 是各种类型的垃圾箱。图 4-23 是各种造型的垃圾箱。

（2）烟灰皿

烟灰皿指的是设置于街道和广场公共绿地和某些公共活动场所，与休息坐椅比较靠近、专门收集烟灰的设施。它的高度、材质等相似于垃圾箱。现在许多的烟灰皿设计是搭配垃圾箱设施的，通常是附属于垃圾箱上部的一个小容器。虽然吸烟有害健康，但我国城镇烟民数量庞大，烟灰皿还是不可缺少的卫生设施。有了数量充足，设计合理的烟灰皿，就可以帮助人们改善随地扔烟头的坏习惯，不但有利于美化环境，减少污染，还可以降低火灾的发生率，如图4-24。

4.3.3 服务娱乐设施

娱乐服务设施是和城镇街道和广场居民关系最为密切的，比如街边健身器材、儿童游乐设施、公共座椅、自行车停车架等。其特点是占地少、体量小、分布广、数量多，这些设施应制作精致、造型有个性、色彩鲜明、便于识别。城镇的服务娱乐设施的设计应当注意以下几点。

①应与城镇街道和广场整体风格统一。服务设施的设置关系到方方面面许多学科，这些设施应当在城镇街道和广场发展整体思路的指引和城镇规划的宏观控制下统一设置，以达到与城镇整体风格相互统一。比如北京市房山区的长沟镇，既有青山环抱，又有泉水流淌，自然环境优美。该镇的发展方向是休闲旅游业以及林果业、畜牧业。在该镇的街道和广场内公共设施如座椅，垃圾箱等统一为自然园林风格。

②注意总体布局合理性和个体的实用性。服务娱乐设施首先应该具备方便安全、可靠的实用性，安装地点应该充分考虑街道和广场居民的生活规律，使人易于寻找，可到达性好，图4-25是儿童游戏场，图4-26是老人活动场。

③应注意便于更新和移动。在当今这个资源紧缺，提倡资源重复利用与环境保护的世界，各类环境设施的可持续性要求在当今也越来越高。一般来说采用当地的材料是比较节约能源的，并且用当地的材料也容易形成自身的地域特色。设施的使用寿命不会像坚固的建筑物那样长，因此在设计时应当注重材料的使用年限并考虑将来移动的可能性。图4-27是经济实惠的石制坐凳。

4.3.4 照明设施

随着经济的发展，夜景照明方法和使用范围越来越受到重视。

城镇街道和广场的照明设施大体上可以分为两大类：第一类是道路安全照明；第二类是装饰照明。

图 4-24　烟灰皿

图 4-25　儿童游戏场

图 4–26　老人活动场

图 4–27　经济实惠的石制坐凳

图 4–28　古典造型的路灯

图 4–29　造型别致的路灯

图 4–30　日本某山城小镇路灯

前者主要是要提供足够的照度，便于行人和车辆在夜晚通行，此种设施主要是在道路周围以及广场地面等人流密集的地方。灯具的照度和间距要符合相关规定，以确保行人以及车辆的安全。后者的作用主要是美化夜晚的环境，丰富人们的夜晚生活，提高居住环境的艺术风貌。道路安全照明和装饰照明二者并不是完全割裂的，二者应该相互统一，功能相互渗透。现代的装饰照明除了独立的灯柱、灯箱外，还和建筑的外立面、围墙、雕塑、花坛、喷泉、标识牌、地面以及踏步等因素结合起来考虑，更增加了装饰效果（图 4-28 ～图 4-31）。

图 4–31　形态古朴的草坪灯

新中国成立前的北京只有紫禁城的主要出入口和前门、地安门等少数地方才安装路灯，一般的胡同和街巷到了夜里都是漆黑一片，老百姓夜间出门都要自己打灯笼。新中国成立后，路灯开始慢慢普及到了北京的大街小巷。

家喻户晓的华灯是在新中国10周年庆典前，北京电力公司结合北京“十大建筑”和天安门广场扩建工程而新建的。天安门广场上的莲花灯以及长安街上的棉桃灯就是最初的华灯（图4-32）。天安门广场的花灯设计为莲花灯由9球组成，东、西长安街上的棉桃灯由13球组成。华灯在最初启用时采用的光源为白炽灯。到了国庆35周年庆典前夕，华灯的光源由自镇流高压汞灯代替了白炽灯，与此同时在球型灯下加装了投光灯，天安门广场和长安街的照明效果得到大幅度提升。60周年大庆时，华灯灯源再次升级，已经完全从白炽灯、汞灯发展到照明度更加明亮的无极灯，光输出效率显著提升，灯光显得温暖而惬意。

图4-32

（1）道路安全照明

路灯可以在为行人和车辆提供足够照明的同时本身也成为构成城镇景观的要素，设计精致美观的灯具在白天也是装点大街小巷的重要因素，某些镇路旁的灯具，充满了装饰色彩。

（2）装饰照明

装饰照明在城镇街道和广场夜景中已经成为越来越重要的内容。它用于重要沿街建筑立面、桥梁、商业广告街道和广场的园林树丛等设施中，其主要功能是衬托景物、装点环境、渲染气氛。装饰照明首先应当与交通安全照明统一考虑，减少不必要的浪费。装饰照明本身因为接近人群，应当考虑安全性，比如设置的高度，造型，材料以及安装位置都应当经过细心的推敲和合理的设计。

现代的生活方式以及工作方式的改变使得人们在晚上不只是待在家里。城镇街道和广场现代化的设施发展较快，许多城镇街道和广场的公共活动场地都有精心设计，有的还配备了音乐广场。喷泉加以五颜六色的灯光，使夜晚也能给人以美的享受。夏天，居民们漫步于周围，享受着喷泉带来的凉爽，使城镇居民的夜生活更为丰富。沿街建筑本身也开始用照明来美化其形象，加以夜景灯光设计不但可以美化外观，而且还能起到一定的标志作用，使晚上行走的路人也能方便地找到目标（图4-33、图4-34）。

4.3.5 交通设施

交通设施包括道路设施和附属设施两大类。

道路设施的基本内容包括路面、路肩、路缘石、边沟、绿化隔离带、步行道铺地、挡土墙等。道路的附属设施包括各种信号灯、交通标志牌、交通警察岗楼、收费站、各种防护设施，如防护栏、自行车停放设施、汽车停车计费表等。

道路交通类的设施由于关系到交通的畅通和人的生命安全，就更应该注意功能的合理性和可靠性。设

图 4–33 广场夜景照明

图 4–34 广场雕塑夜景

施位置也应当充分考虑汽车交通的特点和行车路线，避免对交通路线造成妨碍。道路的排水坡度和路旁边的排水沟除了美观以外应当充分计算排水量，避免在遇到大暴雨时产生因为设计不合理而导致的积水。

（1）交通隔离栏

最早出现隔离机动车和非机动车隔离设施是在1980年10月，长安街东起建国门外大街祁家园路口，西至复兴门外大街木樨地路口，全线10km道路两侧机动车和非机动车道之间放置隔离墩，成为北京市第一条机非物体隔离道路（图 4-35）。

最早位于道路中央用于分隔道路的隔离设施出现在1985年5月，市公安交通管理部门对西二环路百万庄大街东口至阜成门立交桥400m路段设置中心隔离墩（图 4-36）。

现在北京的街道中比较普遍应用的隔离栏为左图的形式（图 4-37）。隔离栏的安装，从根本上解决了车辆随意横穿、掉头的现象，提高了车辆通行的速度和效率，使交通运行更顺畅，有了这些隔离栏，

图 4–35 隔离栏

图 4–36 隔离墩

图 4–37 隔离栏

可以避免这些现象的发生，消除交通安全隐患，减少交通事故。

（2）交通信号灯

随着北京人口和汽车的剧增，市区交通日益拥挤，要是没有红绿灯作为指挥工具，恐怕川流不息的汽车就会由于混乱而造成严重阻塞。最原先出现在北京街头的是交警上班的交通指挥亭，和一个交通指挥台，身着白色警服的交警指挥着北京的交通畅通（图 4-38、图 4-39）。后来出现了灯泡做成的交通信号灯，白色的灯泡由于外面灯罩刷有不同颜色的涂料而显现出红黄绿三种颜色。紧接着灯具改良成为二极管，北京现在交通路口的红绿灯其实已经是“红蓝灯”，每盏灯已不再是一个白灯泡外套一个涂上颜色的灯罩，而是由若干个发出不同颜色的小电子管组列而成。由于这个变化，人们现在已经很少看到工人在路口换红绿灯灯泡、涂新颜料的情景了。现在的北京街头，红绿灯也不再拘泥于三盏一排，根据道路情况的不同，有时交通信号灯会设计成带有左转右转方向的箭头，一排四五盏灯的情况不在少数。在十字路口为行人设置的红绿灯，设计成活动的小人，生动形象，并且加入了为盲人指引通行的音节，盲人通过听觉就可以判断此时是什么信号灯，自己是否可以通行。

图 4–38 交通指挥亭

图 4–39 交通指挥台

（3）步行景观道路

由于人流交往密切，对景观的作用更为突出，这些道路的景观因素非常重要，美化环境，愉悦人们心情的作用也更为突出。

景观道路的设计处处体现着融入环境，贴近自然的理念，从材质到色彩都应很好地与环境融为一体。景观路的地面多为天然毛石或河卵石，这样的传统铺路方法很好地保持了自然的风貌，而且利于对自然降水的回渗，也具有环保作用。

如某小镇的滨水道路的设计：材质采用方形毛石，色彩呈米黄色，毛石缝里镶嵌绿草，与路旁的草地自然过渡，很好地保护了环境（图 4-40）。江南某小镇的绿地中的小路用了仿天然木桩，显得自然而且富有情趣。一些街道和广场的公共绿地和小路用当地的天然石材、河卵石、木材铺设，且都留有种植缝，这样的景观路美观而且渗水性好。在城镇街道和广场的步行路中，应大力提倡这种既环保又美观的道路铺装设计（图 4-41 ～图 4-45）。

图 4-40　滨水道路

图 4-41　仿木桩小路

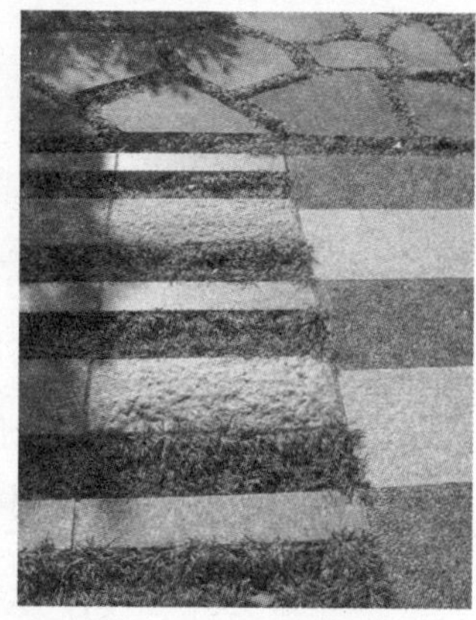

图 4-42　嵌草石板路

图 4-43　石板小路

图 4-44　石材小径

图 4-45　天然材质的石板路和木桥

4.3.6 无障碍设施

关怀弱势人群是现代化文明的重要标志。近年来，在我国弱势人群的权益也受到越来越多的重视。老弱病残者也应当像正常人一样，享有丰富生活的权利。尤其是街道和广场内体现在住宅和室外环境上就是要充分考虑到各种人群（尤其是行动不便的老年人和残疾人）使用建筑以及各种设施的便利性。在正常人方便使用建筑设施的同时也要设计专门的无障碍设施便于各种人群通行。室外无障碍设施非常多，可以说任何考虑到老弱病残者以及各种人群通行和使用方便的设施设计都属于这方面的工作，图 4-46 和图 4-47 是国外某城镇街道和广场人行道路口处的无障碍设计，人行道上的台阶打开了一个缺口，变成了坡道，便于上台阶困难的行人通行。

图 4-46　无障碍铺地及台阶处扶手

图 4-47　人行道路口处的无障碍设计

4.4 艺术景观类环境设施

艺术景观类设施是美化城镇环境，使人们的生活环境更加优美、更加丰富多彩的装饰品。一般来说，它没有严格的功能要求，其设计的余地也最大，但是要符合城镇街道和广场的整体设计风格，与道路的交通流线没有矛盾。艺术景观类设施是品种多样，而且常穿插于其他类别的设施当中，或是其他类别的设施包含一定的艺术景观成分。比较常见的有雕塑、水景、花池等。

城镇街道和广场的艺术景观设施应当更加重视当地的地域文化、气候特点，挖掘民间的艺术形式，而不要“片面地追求时尚”。如何使艺术景观设施延续和发扬历史、文化传统；传承文化的地域性、多样性是每位有关领导，设计师，甚至是每位城镇居民应当考虑的事情。

图 4–48　美国某镇写实雕

4.4.1 雕塑

当今装点城镇街道和广场的雕塑主要有两大类，即写实风格和抽象风格。写实的雕塑，如图 4-48 和图 4-49，通过塑造和真实人物非常相似的造型来达到纪念意义，比如四川省都江堰的李冰父子塑像。这类雕塑应特别注意形象和比例的认真推敲，不能不顾环境随便定制或购买一个了事。不经仔细推敲和设计的雕塑作品不仅不能给环境带来美感，反而会破坏环境。与写实风格相反，抽象雕塑用虚拟、夸张、隐喻等设计手法表达设计意图，好的抽象雕塑作品往往引起人们无限的遐思。抽象雕塑精美的地方不再是复杂的雕刻，而是更突出雕塑材料本身的精致和工艺的精巧。

国外某城镇的滨水雕塑，用抽象的线条塑造出人的造型，丰富了原本单调的滨水景观（图 4-50）。许多其他类的设施，如图 4-51 中的座椅，也加入了雕塑的艺术成分。

图 4–49　有纪念意义的写实雕塑

图 4-50 抽象雕塑

图 4-51 有抽象雕塑风格的坐椅

我国城镇街道和广场景观设计中，传统的山石小品是造景的重要元素，由若干块造型优美的石来表现自然山水的意境（图 4-52）。在山石小品的审美中，古人倡导选石要本着“瘦、透、漏、皱”的原则，意境讲究“虽由人作，宛自天成”。为此，提倡山石设施从选石、造型到摆放位置都应仔细推敲，精心设计，避免缺乏设计、造型呆滞、尺度失调的假山石对城镇街道和广场景观的破坏。

4.4.2 园艺设施

园艺设施主要指花坛一类的种植容器，既可以栽种植物，又可以限定空间和小路，并赋予城镇街道和广场一种特别宜人的景观特性。设计时应注意。不能把花坛布置在缺少阳光的地方，也不能任意散置。一般来说最好把它们作为路上行人视线的焦点，成

图 4-52 山石设施

组、成团、成行地布置，例如沿建筑物外墙、沿栏杆等，或单独组成一个连贯的图案（图 4-53 ～图 4-56）。

图 4-53 沿建筑布置花坛

图 4-54 日本某小镇沿路布置的花坛

图 4-55　花坛与建筑物风格一致

图 4-56　限定小路的花坛

4.4.3 水景

水景是活跃城镇气氛，调节微气候和舒缓情绪的有利工具。在我国北方，目前许多城镇普遍存在缺水现象，加上环境恶化，水质污染，生活生产用水相当紧张，所以城镇街道和广场室外环境艺术设计水景要谨慎，应尽量节约用水，若有条件可利用中水形成水景观。水景的表达方式很多，变化多样，诸如喷泉、水池、瀑布、叠水、水渠、人工湖泊等，使用得好能使环境充满生机（图 4-57 ~图 4-63）。

图 4-57　日本的传统水景观

图 4-58　配合小广场的水景

图 4-59　配合小广场的水景

图 4-60 杭州某小镇的水景

图 4-61 人工水池中的叠水

图 4-62 公共活动场地上的喷泉

图 4-63 公共活动场地上结合绿化的水池

4.5 城镇环境设施的规划布局

4.5.1 建筑设施

休息亭、廊大多结合街道和广场的公共绿地布置，也可布置在儿童游戏场地内，用以遮阳和休息；书报亭、售货亭和商品陈列橱窗等往往结合公共服务中心布置；钟塔可以结合公共服务中心设置，也可布置在公共绿地或人行休息广场；出入口指街道和广场和住宅组团的主要出入口，可结合围墙做成各种形式的门洞或用过街楼、雨篷，或其他设施如雕塑、喷水池、花台等组成入口广场。图 4-64 为入口的水景。

4.5.2 装饰设施

装饰设施主要起美化街道和广场环境的作用，一般重点布置在公共绿地和公共活动中心等人流比较集中的显要地段。装饰设施除了活泼和丰富街道和广场景观外，还应追求形式美和艺术感染力，可成为街道和广场的主要标志。

4.5.3 公用设施

公共设施规划和设计在主要满足使用要求的前提下，其色彩和造型都应精心考虑，否则将会有损环境景观。如垃圾箱、公共厕所等设施，它们与居民的生活密切相关，既要方便群众，但又不能设置过多。照明灯具是公共设施中为数较多的一项，根据不同的功能要求有道路、公共活动场地和庭园等照明灯具之分，其造型、高度和规划布置应视不同的功能和艺术等要求而异。公共标志是现代城镇中不可缺少的内容，在街道和广场中也有不少公共标志，如标志牌、路名牌、门牌号码等，它给人们带来方便的同时，又给街道和广场增添美的装饰。道路路障是合理组织交通的一种辅助手段，凡不希望机动车进入的道路、出入口、步行街等，均可设置路障，路障不应妨碍居民和自行车、儿童车通行，在形式上可用路墩、栏木、路面做高差等各种形式，设计造型应力求美观大方（图4-65）。

图4-64 入口的水景

4.5.4 游憩设施

游憩设施主要是供居民的日常游憩活动之用，一般结合公共绿地、广场等布置。桌、椅、凳等游憩又称室外家具，是游憩设施中的一项主要内容。一般结合儿童、成年或老年人活动休息场的布置，也可布置在人行休息广场和林荫道内，这些室外家具除了一般常见形式外，还可模拟动植物等的形象，也可设计成组合式的或结合花台、挡土墙等其他设施设计。

4.5.5 铺地

街道和广场内道路和广场所占的用地占有相当的比例，因此这些道路和广场的铺地材料和铺砌方式在很大程度上影响街道和广场的面貌。地面铺地设计是城镇环境设计的重要组成部分。铺地的材料、色彩和铺砌的方式要根据不同的功能要求选择经济、耐用、色彩和质感美观的材料，为了便于大量生产和施工往往采用预制块进行灵活拼装。

图4-65 出入口的路障设计

5 历史文化街区的保护与发展

5.1 历史文化街区的界定和特征

5.1.1 历史街区的界定

现在人们普遍认为，历史街区（Historic Districts）是指在城市（或村镇）历史文化中占有重要地位，代表城市文脉发展和反映城市特色的地区。历史街区可以是古代某时期历史风貌的存留，如北京国子监街(图5-1)；可以是地方或民族特色的体现，如桐乡市乌镇古街（图 5-2）；也可以是体现因历史原因而带来的外国的或混合式的风格，如广州沙面历史街区（图 5-3）。但无论是哪一种形式与风格，都必须同时满足历史真实性、风貌完整性与社会属性，这三个历史街区的核定标准。

（1）历史街区的真实性

历史街区是历史建筑的聚合，其构成的道路骨架、城墙、市楼、传统民居群等物质空间形态可以称为历史街区的客体形态。历史街区不仅包括有形文化的建筑群，还包括蕴涵其中的无形文化即历史街区的

图 5–1　北京国子监街

图 5–2　桐乡市乌镇古街

图 5–3　广州沙面历史街区

主体形态，如世代生活在这一街区中的人们所形成的价值观念、生活方式、组织结构、人际关系、风俗习惯等。从某种意义上讲，无形文化更能表现历史街区特殊的文化价值。

（2）历史街区的风貌完整性

历史街区在城市历史文化发展中占有重要地位，有较完善的历史风貌与集中反映该地区特色的建筑群。其中很多建筑从整体来看，都使得该街区非常完整，而且带有浓郁的传统风貌，是这一地区活的见证。

（3）历史街区的社会属性

历史街区的社会性指的是历史街区的主体形态，是一个地区居民群体和他们所形成的社会结构形态，与无形文化的统称。历史街区之所以能存留至今，就其内在的文化传统传承机理而言，正是人（居民）与历史遗存（街区）之间的渲染互动，使得历史街区在物质形态的发展过程中，保持高度的连贯性和自我调适。此外，历史街区乃至社会发展的根本动力同样来自于居民生活的客观需要。

5.1.2 历史街区的特征

城镇历史街区的特征不仅体现在建筑形式、空间形态等物质元素上，而且包括功能、民风民俗、文化内涵等精神元素。主要通过街区的真实性、多样性、空间组织和可意象性表现出来。

（1）真实性

真实性是指能够给人带来真实的历史体验的特性。包括特殊的建筑风格、空间形态、民风民俗、特殊的地域文化内涵等。

例如，在江南小镇的历史街区中，建筑依河而建，河与建筑密不可分，两者共同构成了江南地区独特的空间形态，让人很容易体会到“小桥流水人家”的独特江南文化（图 5-4 ～图 5-5）。

再如，在宏村历史街区中，独有的马头墙的建筑形式让人很清楚地确定了建筑所在地区（图 5-6）。

（2）多样性

历史街区经过时间的冲刷，蕴含了历史积淀，这就构成了街区的多样性。具体分为两个方面：一是自然环境的多样性，如各种建筑特色等，这些是明显的；二是人文环境的多样性，如不同的地域生活氛围等，这些是不易察觉的。例如，徽州建筑风格能够让人很容易识别，但是它所代表的当地风俗确是难以体会的（图 5-7）。

图 5–4　江南水乡——周庄

图 5–5　江南水乡——同里

图 5–6　宏村村落空间

图 5−7 宏村街区空间

图 5−8 丽江古城街道空间

图 5−9 丽江街道空间

丽江古城建筑经过历史的冲刷，既吸收了中原廊院式和四合院式的建筑传统，又因地制宜地创造了自己的特点，平面布局呈“三坊一照壁，四合五天井”的典型形式，与这当中所包含的难让人察觉的生活氛围形成了当地特有的纳西文化（图 5-8）。

（3）空间组织和可意象性

空间组织是指从视觉价值上看是有序的，容易辨别的。可意象性指街区的建筑和城市设计能否融合为其经济和社会历史的组成部分，成为历史特性价值的有机整体和补充。如图 5-9 所示，丽江古城独有的云南建筑形式在保留中国古建筑传统的三段式的基本形式的基础上，结合当地特色，因地制宜将几种屋顶形式结合使用，创造了当地建筑特殊的风格，这在一定程度上很好地体现了其历史特性，使人们容易体验其历史文脉的内涵。

5.1.3 历史文化街区的现状问题

随着中国改革开放的不断深入，城市化进程的加快，人们对传统历史文化街区保护的呼声越来越高。传统历史文化街区的保护是一个世界性的课题，多年来一直受到我国政府的高度重视，近年来，我国在传统历史文化街区的规划、保护、建设和管理等领域，进行了多方面的探索和改革，特别是在历史文化名城和历史街区的城市环境及生态系统建设、提高保护意识和规划设计水平、完善保护措施和行政法规等方面做了大量工作，产生了一大批成功的实例，取得了很大成绩，得到了国内外各界人士的充分肯定。但也应该看到传统历史文化街区保护是一项非常艰巨的任务，需要做长期的工作和付出更大的努力。在城市建设和发展的过程中，对于保护传统历史文化街区的认识不同，解决问题的方法不同，就不可避免地会存在很多问题，归纳起来主要有以下几点：

（1）政策法规不健全，保护规划滞后

我国正处在一个大建设、大发展时期，在这一过程中必然会遇到建设与保护、发展与继承的矛盾。要建设，就要有一定的拆迁，就会遇到保护问题；要发展，就有一个如何继承传统的问题。就全国范围而言，我们的传统历史文化街区的保护性规划还不够完善，有些城市的保护性规划还相当滞后，保护性的政策法规也不够健全，致使保护工作无章可循，制约了保护工作的顺利开展。

（2）注重新城建设，忽视传统保护

一些城市建设的主管部门和主要领导，对城市建设规模和城市发展速度情有独钟，热衷于建设体现政绩的所谓形象工程。一时间宽马路、大广场随处可见，高楼大厦鳞次栉比，在这股相互攀比的风气下，很多优秀的历史文化街区渐渐地失去了它的光彩，很多优秀的历史建筑被淹没在钢筋混凝土铸就的“森林”之中，极大地破坏了它的文化价值，使我们的城市毫无特色可言。从南到北，从东到西，都是“千城一面”“百镇同貌”，这种状况已引起了社会各界的指责和国际上的关注。

（3）盲目开发，违背可持续发展

随着人们物质文化水平的提高，越来越多的人对传统文化有了了解和认识，传统历史文化街区的社会价值也逐渐体现出来，人们对此的关注程度和参与意识越来越强。在开发利用和有机保护上，一些单位和部门受经济利益的驱使，不顾传统历史文化街区和优秀历史建筑的承受能力，盲目开发建设，违背了保护建设的基本原则和规律，使原本质朴高雅的传统历史文化街区丧失了特色，变成了商业味十足的旅游点，过多的游人使得传统历史文化街区不堪重负，因而迅速遭受破坏。

（4）注重表面功夫，忽视文化内涵

目前，我国很多传统历史文化街区在开发保护中只注重外在形式的修缮，而忽略了文化内涵的挖掘。然而不同的历史年代、不同的地域差别，所产生的历史文化街区和优秀历史建筑是不尽相同的。有些历史建筑和历史文化街区的修缮没有严格遵守传统建筑的法式和尺度，随意夸大建筑体量和街区的空间尺度，给人以错觉。更有甚者，在传统历史文化街区和优秀历史建筑附近另造假古董，严重地破坏了传统历史文化街区的建筑形象，玷污了传统历史文化街区的整体氛围，这种不伦不类的假古董给真正的传统文化街区带来了极大损害。

（5）资金与人才匮乏，开发管理混乱

近年来，我国对传统历史文化街区和优秀历史建筑的保护、开发及利用虽然加大了资金投入，但是与发达国家相比，资金支持力度还不够，特别是用于保护的科学研究费用太少，使得我国在保护利用的理论研究上还有一定的差距；而且缺乏相关的保护人才，对于保护的专业指导性不强，在开发和管理方面大多停留在表面的旅游价值上，对历史文化价值缺少挖掘和整理，没有形成开发、利用、保护的完整体系，由于管理混乱而造成了许多传统历史文化街区品味下降，国内外游客的投诉也影响了我国的对外形象。

5.1.4 历史文化街区保护与更新的关系

（1）历史街区保护与更新的内容

在历史街区中，文化风貌的体现靠的是带有传统风格的建筑及其环境，起作用的是朝气蓬勃的生活内容。因此真正应该保护的是各级文物点、传统街区的空间格局（即具有地方特色的建筑形式、环境尺度、街区历史形成的道路结构和在街区中能够增加其风貌氛围的建筑单体或群体）、天际轮廓线以及传统文化的继承和传统经济的发展。保护历史风貌片段的风貌特色，主要包括以下内容：

①要保护和延续其原有的空间结构，这体现在传统的道路格局上。

②要保护原有的空间尺度感觉，包括建筑物的体量高度、街道的宽度等。这些显示了建筑物与外

部空间的关系，体现了城市肌理。

③要保护空间的界面特征，包括立面符号、装饰主题、窗洞布局大小、色彩、材料等。

而这一切又是和更新紧密联系在一起的。所谓更新，就是对一个具体对象的某些有传统价值的成分予以保护，其他不符合历史风貌的部分进行更新，主要包括两个方面：一方面是为改善环境质量所作的更新，包括房屋的结构、构造、基础设施和市民生活设施等；另一方面是为了更好的保护传统风貌所做出的更新，包括拆除破坏景观的建筑物，对年久失修的历史建筑物进行局部改造等。目的便是能最大限度地保存历史的痕迹，同时仔细地修复已经被破坏的部分或者艺术地处理难以恢复的部分，使得历史街区的整个传统氛围能够协调统一。

(2) 历史街区保护与更新的关系

保护与更新的关系，是对有历史价值的东西进行保护，而对于一些落后的、破旧的东西则要坚决的更新，如加强现代基础设施的建设等，只有这样才能使历史街区保持其旺盛的生命力。分析历史可得出这样的结论，对于历史街区的发展，保护与更新应是平行并列地进行。

面对明显老化的传统建筑、与现代生活需要有着很大冲突和矛盾的街区现状，简单地“拆旧建新”，或对老化衰退熟视无睹、无所作为是不负责任的，应该把保护与更新统一起来。例如，在保护更新工作中需特别注意在整饰建筑外观的同时也要对内部进行改造，增加现代化的设施，适当增加日照通风条件，改善给水、排水、电力、电信以及防灾等基础设施，推行采用清洁安全的炊事能源，还可适当增加广场绿地，增设文化生活服务设施等。对于质量风貌较差或者已经改造过的房屋，在整饰时可以采用一些新的材料和较为简化的符号，不必要完全复古；对于不可避免出现的新建筑，可以借鉴传统建筑的风格、手法乃至具体的材料、色彩和装饰主题，但应是完完全全的新建筑，在弘扬传统文化的同时应该与老建筑有明显的区别。这样，新老建筑拼贴在一起，从一系列的建筑成员上即可看到延续性，又可看到时代的变异性，从序列中获得统一。对历史街区的保护，根本的出发点是为了保护它们，发展它们和使用它们，最终使其与现代生活相协调。即把保护与更新结合起来，使城镇的昨天、今天和明天联系在一起，实现城镇可持续发展。

历史街区的保护与更新在一定程度上是为了今后更好的建设，建设的意义同样包含在保护与更新的关系之中。保护的价值及其服务现代生活的作用将成为开发决策的重要内容。更新使历史街区具备了新的生活内容，历史街区因此也获得了新的生命，这也成为建设的重要意义。今天，在保护与更新的过程中，历史街区的经济与社会效益是其保护与更新得以落实的关键，也只有在不断淘汰传统的糟粕、建设新的价值的过程中，历史街区才能传承。

如今我们所生活的历史街区正是在我们的祖先不断地保护与更新过程中传承下来的，为了更好地向未来传承，我们必须正确树立保护与更新的关系，切不可使其成为历史的遗憾，这也就是我们所承担的历史责任与使命。

5.1.5 国外城镇历史街区保护的实践与经验

(1) 国际上倡导保护历史街区的相关纲领性文件

从20世纪60年代开始，国际上对历史街区的保护便予以关注。世界各国、各地区政府及联合国教科文组织一直致力于历史遗产保护问题的协调解决。1964年由联合国教科文组织倡导成立的“国际文化财产保护与修复中心”通过的《威尼斯宪章》（即《国际古迹保护与修复宪章》）明确提出了保护历史环境的重要性，指出：文物古迹“不仅包括单个建筑物，而且包括能够从中找出一种独特的文明、一种有意义的发展或一个历史事件见证的城市或乡村环境”。

1972年以来，联合国教科文组织大会先后通过了《关于保护国家级文化与自然遗产的建议》《关于保护历史区域及其在现时代的作用的建议》和《关于保护被公共或个人工程建设项目破坏的文化遗产的建议》，确定了对人类历史遗存进行建设性保护的原则。1976年，联合国教科文组织在内罗毕通过的《内罗毕建议》（即《关于历史地区的保护及其当代作用的建议》）拓展了保护的内涵，即包括鉴定、防护、保存、修缮和再生，明确指出了保护历史街区的作用和价值："历史地区是各地人类日常环境的组成部分，它们代表着形成其过去的生动见证，提供了与社会多样化相对应所需的生活背景的多样化，并且基于以上各点，它们获得了自身的价值，又得到了人性的一面"；"历史地区为文化、宗教及社会活动的多样化和财富提供了最确切的见证"。1987年，国际古建遗址理事会通过的《华盛顿宪章》（全称为《保护城镇历史地区的国际宪章》）再次对保护"历史地段"的概念做了修正和补充，确定了城镇历史地段保护的现代历史文化保护原则，基本上确立了国际上保护历史街区的概念。文件指明了"历史地段"应该保护的五项内容，即地段和街道的格局和空间形式；建筑物和绿化、旷地的空间关系；历史性建筑的内外面貌，包括体量、形式、风格、材料、色彩、装饰等；地段与周围环境的关系，包括与自然和人工环境的关系；该地段历史上的功能和作用。这里所谓的"历史地段"是指"城镇中具有历史意义的大小地区，包括城镇的古老中心区或其他保存着历史风貌的地区"，"它们不仅可以作为历史的见证，而且体现了城镇传统文化的价值。"

上述文件成为世界各国普遍遵循的保护历史环境与历史街区的国际性准则。

（2）世界各国保护历史街区的措施和方法

从世界各国保护文物古迹、历史建筑、历史街区等历史遗产的具体举措来看，一些国家在这方面已取得显著成效，它们的做法值得借鉴。

①许多国家十分重视从法制的角度强化管理，为保护历史街区颁布了一系列法律法规。

法国除了1913年的《历史性纪念物保护法》和1931年的《景观保护法》提及古建筑及其周围环境的保护以外，1962年又率先制定了更具体的保护历史街区的《马尔罗法令》（即《历史街区保护法令》），该法令规定将为"历史保护区"制订的保护和继续使用的规划纳入城市规划的严格管理中，保护区内的建筑物不得随意拆除，维修和改建要经过"国家建筑师"的指导，正当的修整可以得到国家的资助，并享受若干减免税收的优惠。之后，欧洲许多国家纷纷效法，在《城市规划法》中划定保护区，制定各国的历史地段保护法规。

英国在1967年颁布的《城市文明》中提出了保护"有特殊建筑艺术和历史特征"的地区，如建筑群体、户外空间、街道形式以及古树等。保护区的规划面积大小不一，包括古城中心、广场、传统居住区、街道及村庄等。该法令要求城市规划部门在制定保护规划以后，任何个人和部门不能任意拆除保护区内的建筑，如有要求，应事先提出申请，市政当局须在8周内答复，必要时当局可作价收买。区内新建改建项目要事先报送详细方案，其设计风格要符合该地区的风貌特点。法令还规定不鼓励在这类地区搞各种形式的再开发。

日本1966年颁布的《古都保存法》则强调要保护古都文物古迹周围的环境以及文物连片地区的整体环境，1975年修订的《文化财保存法》又增加了保护"传统建筑群"的内容。该法律规定，"传统建筑集中与周围环境一体形成了历史风貌的地区"应定为"传统建筑群保护地区"，首先由地方城市规划部门确定保护范围，制定地方一级的保护条例，然后再由国家选择一部分价值较高者作为"重要的传统建筑群保护地区"。在这些地区，一切新建、扩建、改建及改变地形地貌、砍树等项目都要经过批准。城市规划部门要做出相应的保护规划，确定保护对象，列出保护的详细清单，包括构成整体历史风貌的各种要素；制定保护整修的计划，对传统建筑进行原样修整，对非传统建筑进行改建或整修，对有些严重影响风貌的建筑要改造或拆除重建；做出改善基础设施、治理环境及有关消防安全、旅游展示、交通停车等方面的规划。

意大利于19世纪50年代就形成了比较系统的古城区及历史遗迹保护法规，1990年再次颁布了古城区保护新管理法。在德国，规划法与建筑法则是完全分离的，建筑法的立法权归地方各州，规划法则归中央，各州都有文物保护法和被保护建筑名录。此外，德国的“详细规划制度”对历史建筑保护影响很大，城市的开发和再开发的详细规划，若涉及历史建筑保护，必须得到文物管理部门的认可才能生效。

②建立了一套健全高效的管理机构。

意大利为了保护历史文化遗产建立了一整套健全的保护机构。早在1939年意大利就成立了中央文物修复研究所，现在，文化遗产部是最主要的古城与古建筑保护机构，下设考古、古建筑古文物登记、古建筑管理、现代（中世纪到19世纪）城区保护等7个专门的办公室来进行同步监管。若在古城内新建建筑或修复建筑均需经七个保护办公室集体研究批准，而且任何个人或组织都无权擅自批准，否则将予以拆除并处以罚款。

英国有中央和地方两级历史遗产保护组织网络。中央由环境保护部和国家遗产部、英格兰遗产委员会负责，地方则由八个区的专门官员负责落实保护法规，处理日常工作。

法国建立了一套比较完善的中央、地方和民间三管齐下的文化遗产保护管理体制。从中央层面来说，文化部下设的文化遗产局负有管理责任，其主要职责是鼓励在由于具有历史、美学、文化价值而受到保护的地方进行建筑创新，对考古、建筑、城市、民族、摄影和艺术方面的遗产进行分类、研究、保护和保存并广泛宣传，审查适用于建筑师的立法申请等。地方上也设立了相应的机构，负责监督和调查文物古迹的现状和维护情况。

日本的历史文化遗产保护由文化部门（中央为文部省文化厅，地方为地方教育委员会）和城市规划部门（中央为建设省都市局，地方为城市规划局）两个相对独立、平行的行政体系分管。其中，文化部门主管文物和传统建筑群保存地区的保护管理工作，城市规划部门负责与城市规划相关的古都保护及景观保全等的保护管理。

③强化公民的历史文化保护意识，让公民参与历史遗产的保护。

美国古城和历史建筑保护不仅得到了政府及有关部门的支持，而且还得到了民间团体的广泛参与。这些团体大都由社会知名人士及自愿者组成，其主要任务是按照当地公众的意愿，向市政当局和议员进行游说，取得他们的支持，有些重要的民间团体还在一定程度上介入政府有关古建筑维护、改建、拆除等的立法工作。

在英国，公众参与是全部规划过程中的重要部分。如果没有公众的参与，政府政策的落实就会遇到困难。在保护区内通常要成立一个保护区咨询委员会，由当地居民及商业、历史、市政和康乐社团的代表组成，共同商讨本地区的大政和具体提案。

意大利民众对古城和古建筑也有强烈的保护意识。为了营造“人人了解遗产、人人爱护遗产”的环境和氛围，意大利政府从1997年开始，在每年5月份的最后一周举行“文化与遗产周”活动，所有国家级文化和自然遗产地免费开放，包括国家博物馆、考古博物馆、艺术画廊、文物古迹、著名别墅和建筑。在此期间，文化遗产部还举办音乐会、研讨会等形式多样的与文化、历史有关的活动，以提高公民的遗产保护意识，保证文化遗产最大限度地发挥其社会效益。此外，意大利每年都要举办以“春天”“夏日”“秋实”或“冬眠”等为主题的遗产知识普及活动。在这种全民参与文化遗产保护的氛围下，许多民间团体成为历史遗产保护的重要力量，如“我们的意大利”，其成员来自各个阶层，均无偿地为历史遗产保护进行宣传，搜集民众意见，并为政府决策部门提供建设性建议，发挥了政府智囊团的作用。

法国在文化遗产保护方面，公众的参与意识也颇强烈。从1984年开始，法国政府把每年9月的第三个星期六和星期日定为“遗产日”，向公众免费开放文化古迹、历史建筑和国家行政机构建筑如总统府、总理府、国民议会、外交部、国宾馆、巴黎市政厅等，以便于公众进一步了解法兰西民族的文化遗产增强保护民族遗产的意识。法国首创的“遗产日”活动逐渐发展成为一项全欧洲的活动，1991年有了“欧洲文化遗产日”，40多个欧洲国家都在这时举办“遗产日”活动。在这种文化遗产保护氛围的影响下，许多民众都自觉地参与到文化遗产的保护活动中，人人成为文化遗产保护的监督者，还有些人以私人身份参与到对文化遗产的管理中，现在法国有一半重点文物的管理权是属于私人的。

日本在20世纪60年代末大规模拆毁历史街区时，日本广大市民自觉地参与到历史街区的保护活动中，文化遗产的各地方保护条例和《文化财保存法》的修改也是由市民和学者自下而上推动的。他们认为，保护生态环境只影响到人的肌体，保护历史环境却涉及人的心灵，所以，在现代化进程中，保护工作是尤为重要的内容。也就是说，日本的历史遗产保护已经从过去传统的以技术取向为主的保护，开始转向关注当地居民的感受和社区居民积极参与的保护。

其他亚洲国家民众在文化遗产保护方面的参与意识也很强烈。韩国在历史遗产保护方面也很重视民众的参与。在1997年的“文化遗产年”中，韩国政府提出了“知道、找到和保护”的口号，引导国民参与对文化遗产的保护，许多民间组织在对文化遗产的保护方面也起到了强大的监督作用。

④动员全社会的力量，政府和民间共同努力，多渠道筹集经费，保证历史遗产保护的资金来源，如减免税收、贷款、公用事业拨款、发行奖券和自筹资金等。

美国古城和历史建筑保护的资金来源主要依靠社会和私人捐款、举办各种展览、出租古建筑等，改造古建筑的资金主要由房地产商向社会和私人集资解决。

意大利古城及古建筑的保护经费除了政府每年从城市建设费中划拨一部分以外，这些古城及古建筑可观的旅游收入也被充作维护经费。

日本法律规定中央政府和地方政府各出资50%，用于补助住户对历史建筑外部的整修费用，每个保护区每年可以有6～8户得到补助，每户可得整修费用的50%～90%。

法国政府在文化遗产保护方面的资金投入力度很大，20世纪90年代，法国文化预算的15%是用来保护文化遗产的。近年来，法国每年斥资近3亿欧元，用于整修13000余座历史建筑和维修24000座有历史价值的建筑。此外还成立了文化遗产基金会，筹集初始经费800万欧元，该基金会有权收购濒危建筑物，在地方古迹的保护上发挥了重要作用。

（3）世界各国及国际组织有关历史街区保护的经验对我国的启示

①要加强立法，严格管理。在《文物保护法》的基础上，制定更详细更有针对性的“历史街区保护条例”等法规，使历史街区保护形成一套完整的法律法规体系，使历史街区保护与管理有法可依，有章可循。

②强化每一个普通公民的历史街区保护意识，让每一位公民都参与到历史街区的保护中来。国家

不妨仿照欧美等国设立“遗产日”，广泛宣传文化遗产保护的重要性，提高公民的遗产保护意识。同时，发挥民间社团的作用，让他们成为沟通政府与普通公民的桥梁。

③历史街区的保护经费应列入财政计划的专项补贴，并多渠道争取资金，专门用作这些街区的保护与维修。

“往昔的唯一魅力就在于它已是过去”。在世界现代化与城市化步伐日益加快的今天，许多大都市中现代化的摩天大楼比肩而立，现代文化强烈地冲击着古老的传统文化，日益变化的生活空间昭示着历史离现代人越来越遥远。有一天，当人们厌倦了现代都市的喧嚣而生怀古之幽情的时候，却蓦然发现，那些曾经代表着自己民族、自己城市历史的街区、建筑甚至一砖一石早已荡然无存，早已消失在轰隆作响的推土机下。到那时，人们才开始逐步认识到历史建筑所承载的种种不可替代的价值和作用，并开始反思，那曾经是一个国家、一个民族、一个城市的象征的建筑、雕塑、街道到哪里去了？为了避免这种无法挽回的悲剧发生，我们应该从现在就行动起来，保护属于我们的历史文化。

5.2 历史文化街区和节点的文化景观保护的原则

5.2.1 保护前提下的“有机更新”原则

历史街区因其独特的风貌与深厚的文化底蕴，不仅具有高度的美学价值，也是记录地区文脉，传承历史的无字史书。在传统风貌和文脉面临现代城市发展所带来的巨大挑战时，面对传统建筑明显老化、基础设施陈旧、居住环境恶化等问题日益显现，历史街区的历史性与现代生活的现代化出现矛盾的时候，简单地“拆旧建新”，或对老化衰退熟视无睹、无所作为是不负责任的。历史性环境、历史性脉络是有生命、生活气息的，其生命力是十分活跃的，是对历史的回忆，能给人以一个街区的整体形象。所以应该注重对整个历史环境、历史脉络的珍惜。而历史是不断向前发展的，历史街区应该成为一个永恒的有机体才能够不断地向前发展，只有在保护前提下“有机更新”才能够使历史街区实现可持续的发展。

（1）保持和延续历史街区格局

历史街区包含丰富的自然资源与人文资源，其城镇历史文化遗产与历史信息相对来说保存较好，而这均是不可再生的资源，因此应对其空间格局、自然环境及历史性建筑等三方面物质形态进行保护性利用。历史街区空间格局包括街区的平面形态、方位轴线以及与之相关联的道路骨架、河网水系等。如图 5-10、图 5-11 所示，河网水系在江南水乡的历

图 5–10　江南水乡河网

图 5–11　江南水乡河网结构

史街区中承载着人们日常出行、对外交通等作用，是街区中不可缺少的历史因素之一。

街区自然环境，包括重要地形、地貌、重要历史内容和有关的山川、树木、草地等特征，是形成城镇文化的重要组成部分。一方面反映出城镇受地理环境制约的结果，另一方面也反映出社会文化模式、历史发展进程和城镇文化景观上的差异与特点。如图5-12所示，西递古村坐落于群山密林之中，因其所处的自然环境使得城镇文化被赋予了更深刻的内涵。

历史性建筑真实地记载了城镇核心发展的信息，其式样、高度、体量、材料、色彩、平面设计均回应着历史文化的印迹，有的建筑本身在现代社会生活中仍然在发挥作用。例如徽州地区的宗祠建筑在历史街区中占有重要地位，是街区历史的记载，真实反映了历史街区的发展，起着传承历史文脉的作用（图5-13）。

对于因发展需要插入到历史街区中的新建筑，应在尊重历史街区文化传统的前提下协调发展，使其能够起到延续老街区品质、丰富其内涵的作用。

（2）继承和发扬历史街区文化传统

不同的城镇面貌、街道景观，是区别、认识不同地域文化特征最直接的途径。历史街区是传统城镇中历史文化最为集中的地方，不但包括物质性的有机载体：原始形态、空间环境、建筑风貌，还包括非物质的文化形态。诸如城镇中居民的生活方式与文化观念、社会群体组织以及传统艺术、民间工艺、民俗精华、名人轶事、传统产业等。如图5-14所示，小桥、流水、人家是江南水乡独有的街道景观，也是人们认识了解江南历史街区最直接的途径。

如图5-15、图5-16所示，西递古村的传统工艺“三绝”是其街区中历史文脉的集中体现，它们与城镇布

图5-12 西递古村全景

图5-14 周庄水乡的桥

图5-13 西递古村中的宗

图5-15 石雕

图 5-16　木雕

图 5-17　丽江古城街景

局等相互结合，和有形文化相互依存、相互烘托，共同反映着城镇的历史文化积淀，共同构成城镇珍贵的历史文化遗产。历史街区的保护性更新应注重传统历史文化的继承与发扬，应深入挖掘、充分认识其内涵，把历代的精神财富流传下去，广为宣传和利用。

在历史街区中，一个很容易被人忽略的体现城镇文化的方面就是历史街区的“细部”—环境意象。例如，行走在街巷中，左右具有地域特色的门牌街楼，成为历史街区的共享意象，这些意象见证着历史的脚印，体现着街区经历的风风雨雨，使得街区的生活环境更动人、更具表现力。这些环境意象的保留和更新，是历史街区结构形态和文化延续的重要途径。如图 5-17 所示，在丽江古城的历史街巷中，建筑纵横发展形成多重院落，街区两侧具有明显地域特色的建筑形式是历史的印迹，丰富着街区的文脉和内涵。

（3）实行分类保护、合理利用的原则

分类保护、合理利用就是在对历史街区重点保护的同时，对街区内所有建筑进行调查，按历史价值、艺术价值和科学价值等实行分类保护。这样保护工作就做到了有的放矢，减少了工作中的盲目性。例如，有的历史街区现状保存相对完整，有的历史街区破坏严重，原有建筑已不复存在，就必须依据其自身不同的情况，采取不同的开发模式。如巢湖中庙镇拥有中庙、昭中祠、白衣庵等保护良好的人文资源，同时还是一座具有典型渔家文化特色的滨湖小镇。针对中庙，则要保护原有的人文历史景观、自然景观与地方民俗特色。而中庙现有的民房破坏严重，原有的建筑特色早已不复存在，代之以形态单一、简陋、无特色的自建房屋，因此这里的保护更新所采用的方式以重新整合街区布局，改造重建民居，并增加一些基础娱乐、餐饮设施为主。这样，既不损害民居环境和文化内涵，又保持了传统的有机秩序。

5.2.2 因地制宜、实现历史街区功能复兴的原则

历史街区历经了数百年的延续与演绎，遗留下来一批具有传统特色的古街区和建筑样式。当地人居住在其中，按当地的风俗习惯生活，使它们成为具有生命力的街区。面对历史街区中这些不可再生的历史遗产，我们应在尊重历史的前提下，积极发掘、精心整理它的历史文脉，针对历史街区内的不同历史遗迹因地制宜地处理，在快速发展的现代城镇中充分发挥其特点，促进历史街区的复兴。现在城镇面临的是农村经济转型的问题，从历史街区的发展角度来看，产业转型是实现历史街区功能复兴的一个机会。

在当前历史街区的建设中，保护和更新打开了一个很大的旅游市场，许多街区把旅游业作为自己的支柱产业，通过旅游业来带动其他相关产业的发展。如丽江古城 2000 年游客量达 258 万人，旅游综

合收入 13.44 亿。然而我们在尝到了由旅游带来的有目共睹的许多甜头的同时，不可避免地面临着另一种破坏，那就是旅游设施的充斥，无特色旅游商品的泛滥，高峰期的人满为患，游线安排的走马观花以及“人人皆商”的浓重的商业气息，这些都在不知不觉中侵蚀着历史街区的真实性。因此，重新挖掘历史街区的文化内涵，以文化为本、归还历史街区的本色是提高旅游品质的有效办法。当然历史街区的功能复兴并不是单独依靠旅游这一条路，旅游是一个很复杂的问题，涉及土地、文物、水利、农业等很多部门，从自身优势出发制定符合自身发展的策略才能更好地促进当地的发展，从而实现历史街区在新环境下的再次闪光。

5.2.3 坚持长期持久，促进历史街区的可持续发展原则

历史是不断向前发展的，处在历史长河中的街区同样随着环境的变化而更替。由此可见，历史街区的更新是一个不断完善、不断细致、不断深入的过程。因为最初修缮过的建筑由于使用、修理程度及认识程度等方面的原因，随时间流逝还需要再修；而更新过的环境，随社会、经济、文化等的发展，又会出现新的问题、新的矛盾，还要继续去解决。这些问题包括对街区的功能性质在认识上出现分歧，有些人不赞成以民居为主，而主张建成商业街以满足旅游的需要；某些新建筑的体量、高度和彩绘装饰与街区环境失调；不能确定传统风貌恢复到什么时期；未能妥善处理街道上的垃圾筒、架空线等。在某些历史街区的街道中，杂乱的电线和“万国旗”式的衣服严重破坏了历史街区的风貌（图 5-18）。

因此，历史街区的保护与更新要做到可持续发展。所谓“可持续发展”（Sustainable Development）战略思想，是 1992 年联合国在巴西开的“环境与发展”会议上通过的《全球 21 世纪议程》中提出的人类社会经济发展的原则，其含义是“既满足当代人的需要，又不对后代人满足其需要的能力构成危害的发展”。1994 年我国政府制定的《中国 21 世纪议程》明确指出可持续发展将成为中国制定国民经济和社会发展中长期计划的指导性原则。政府和社会的普遍接受，推动了各个部门、各学科在本领域内探求可持续发展的对策。“持续整治”的街区保护思想正是在这一背景下产生，是可持续发展思想在历史地段保护这一领域的扩展与深化。我们认为要做到历史街区的可持续发展应从以下两个方面来考虑：

（1）对于自然元素的极大化运用。在历史街区保护与更新过程中应该尽可能地珍惜古材料，尽可能地再次运用。

（2）为子孙后代留有再发展的空间。传统建筑的更新改造不是一次成型的，当技术条件不成熟的时候，应尽可能地保留旧的建筑构件，这样当条

图 5-18　宏村街区杂乱空间

件成熟时就有了进一步改善的条件。

例如，屯溪老街的保护和更新是从沿街建筑整修开始的，从 1985 年至 1992 年，完成旧店面整修 115 家，大大改善了老街景观面貌；1987 年开始将重点转向环境整治，移走了街道上 7 根电线杆，整修了石板路面、排水暗沟，统一了商店招牌匾额。经过 11 年的整治，老街的环境质量有了很大的提高，传统风貌更为浓郁。由于它不是像仿古一条街那样突击建成，而是在传统基础上逐步增添，并精雕细刻，因此千变万化、丰富多彩（图 5-19、图 5-20）。

总之，坚持长期持久、可持续发展原则的目的就是为了保护和恢复历史街区传统风貌、地方文脉，将真实的历史完整地传给下一代。

图 5-19　屯溪老街中万粹楼

图 5-20　屯溪街区

5.2.4 推动公众参与、增强群众保护意识的原则

城镇历史街区的保护与更新，它不单单是政府行为，更主要的是发动广大人民群众的参与意识。若仅依靠政府部门的行政力量，必然会因为工作过于集中和政府财力有限，使得保护工作滞后于城镇发展及居民生活的需要。历史街区作为城镇的历史遗产，它不私属于某一个人或某一个团体，而是社会的共同财富，因而在保护更新工作中必须让广大公众能充分了解和认识历史街区的价值和意义，增强社会各阶层对城镇的历史认同感，并积极主动投入到历史街区的保护更新工作中去，为历史街区的保护和更新贡献自己的力量。具体可以通过专业部门与媒体的合作宣传，组织正式或非正式的公众听证会、说明会，建立公众联络机构，在规划前期进行大量的民意调查等形式来实现。另外，历史街区的持续发展更要直接依靠生活于其间的居民的共同努力。因而，在历史街区的保护工作中有必要建立一套完整的操作体系，对当地居民提供必要的技术和资金援助，引导、帮助居民利用传统材料和工艺自主改造，只有这样才能够最终实现历史街区的有机更新。融水县整垛村苗寨木楼就是民居改建的一次新的探索，在整垛寨聚落规划中，推动群众参与传统民居的改建，充分利用瓦顶旧料，拆卸旧楼木料代售折价，就地取砂石制作水泥砖，保留了坡屋顶，配置了半开敞楼梯间，降低了造价，“就地改建，以旧更新，群众参与”实现了传统聚落的有机更新。

5.2.5 建立完善法律体系、实现依法治保的原则

在市场经济体制下，高效的法律体系是社会正常运作的有力保障。因此，历史街区的保护与更新不能局限于行政管理层面，必须将其纳入到法制化轨道

上来，建立一套完善的法律政策体系。在历史街区的保护与更新过程中，真正实现有法可依、有法必依、执法必严、违法必究的完善的管理体系。

5.3 历史文化街区和节点的文化景观保护的模式

5.3.1 历史街区的保护与更新规划

（1）确定历史街区的保护框架

所谓保护框架是根据对历史街区特色的分析而得出的，是反映街区自然、人工和人文环境的实体。其中自然环境要素是指具有特征的街区地貌和自然景观；人工环境要素是指人们的创建活动所创造的城镇物质环境，以及各类文物景点所反映的人工环境特征；人文环境要素是指人们精神生活的环境表现，指居民社会生活、民风民俗、生活情趣、文化艺术等方面所反映的人文环境特征。确立保护框架的目的是在概括提炼历史街区风貌特色的基础上，对整体历史街区传统的物质形态进行保护，并把握历史街区的文化内涵。其意义在于将街区历史传统空间中那些真正具有稳定性和积极意义的东西联系起来，将历史发展的因素及未来发展的可能性结合在一起，形成一个以保护传统文化为目的的街区空间框架。

保护框架强调的是对街区空间的保护，由“点、线、面”三种因素组成。“点”（节点）是指古建筑及标志性构筑物，如牌楼、桥等，被人们感知和用于识别街区空间的主要参照物。例如，江南水乡中，桥是其中重要的节点，它是感知水乡，认识江南特色的重要参照物（图 5-21）。

“线”指传统街道、河道和城墙等。人们体验街区的主要通道是视线主要观赏轴线。如图 5-22 所示，江南水乡中的河网水系是历史街区中主要的通道，是联系街区的脉络，也是人们欣赏历史街区最好的视线走廊。

“面”（区域）则是指古建筑群、传统居民群落等具有某种共同特征的街区。例如，古村西递整体的马头墙、粉墙黛瓦的建筑风格严整、统一，形式较强的区域感加强了历史街区的文脉特色和地域风格（图 5-23）。

这三种因素结合成为一个整体，就构成了保护

图 5-21　江南水乡中的桥

图 5-22　江南水乡河网

图 5-23　西递古村风貌

框架的基本结构，“线”在其中起着重要的结构组织作用，在形成连续的街区景观意义上，路线的组织是最主要的。

（2）划定历史街区的保护范围

在历史街区的保护规划中，划定保护区域是一项很重要的内容。重要的文物古迹、风景名胜等都要划定明确的自身保护范围及周围环境的影响范围，以便对区内的建筑采取必要的保护、控制及管理措施。历史街区范围的划定主要应考虑以下因素：范围大小、级别、层次以及划分方法的问题。考虑到历史街区所应具有的三个特征，街区的范围不宜过小；又因历史街区保护是一项政策性、技术性均较强的工作，既要有法律效力，又要有财政支持，街区的范围划定又不宜太大。

因此，必须严格确定历史街区的范围及数量。然而从目前我国的发展来看，现阶段我国不可能投入大量的资金用于历史街区保护工作。在整个街区范围内进行大面积的保护也是不太现实的。因此，确定的历史街区应是能最好地反映街区历史景观的区域，保护区的确定要由规划、文物、建筑、历史等部门的专家，在认真调查研究的基础上，经过对其历史、科学、文化价值的充分论证，慎重选择确定。本着精而少的原则，进行历史街区保护范围的划定。唯有这样，才能保证将有限的资金投入到合适的范围，对最有价值的地块进行严格有效持久的保护和更新。同时，根据历史街区不同地段的不同特征进行划分，并制定相应的政策要求、更新方式，是保护与更新工作得以顺利进展的关键。

例如，在南京高淳县淳溪镇 7.60 万 m^2 的保护范围内，为了保护各级各类文物保护单位并协调周围环境，整体保护历史街区风貌特色，根据具体情况具体分析，有重点有差别地对待，共划分了三个等级的保护范围，即文物保护点、核心保护区、风貌协调区。在历史街区以外划定区域控制区（图 5-24）。

图 5-24　高淳保护规划

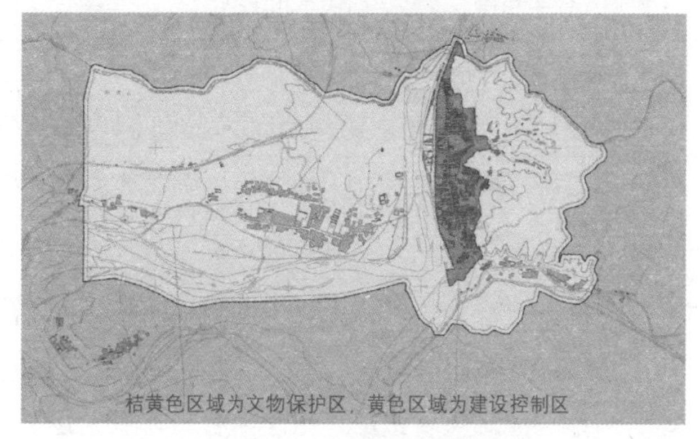

图 5-25　古北口保护规划

其中，核心保护区是指为了保护文物的完整和安全所必须控制的周围地段，以及历史街区内有代表性的传统民居区、沿街风貌带。而风貌协调区是指为了保护和协调文物古迹及历史街区主要风貌的完好所必须控制的地段。

再如，在古北口镇的保护性规划当中，为了坚持保护传统建筑及环境风貌完整性的原则，根据当地具体地理条件出发，将规划区内文物较集中的区域定义为文物保护区，基本无大的新增建设用地，仅做局部调整，而将保护区以外的区域定义为建设控制区，以建设和恢复补充完善用地功能和用地布局为主（图 5-25）。

（3）延续历史脉络与历史界面

历史街区是在漫长的历史时期中逐步形成的，是不同时期、不同类型的历史文化积淀。因此，其保护不应是将历史凝固、静止的保护，切断其自身的发展；而是必须确保历史脉络的完整性和延续性。历史街区的保护不只是为了过去而保留过去，更是为了实现从过去到未来的持续发展。因而，代表各历史时期的建筑应共同生存，并为历史街区未来的发展提供无限的可能性。认为保护历史就是简单地建仿古一条街，或把片面的所谓风格统一视为保护的目的，其实是对历史真实性的篡改，是错误的。由于历史原因使不同的界面具有了不同的功能，这些功能决定了街道的面貌和特征。在保护与更新中，应延续并发扬这种特色，对其采取不同的措施。

（4）塑造历史节点

历史结点是体现街区历史文化特色的点睛之处，历史结点的塑造有助于提高街区的整体氛围。街区内的重要结点除了入口结点、重要古建外，还包括其他一些具有历史文化价值的特色结点，如古井、古树、牌坊、石碑等。

例如，在思溪古镇中，街区内有一口道光甲午年间的古井，其周围均是住宅。结合古井来安排周围的基础设施，这样既可将古井位置提升，同时也为街区提供了一处极富文化韵味活动场所，区别于其他的开敞空间（图 5-26）。

再如，西递古镇中的“龙虎斗”石碑记载着古镇的历史，同时也是现在旅游的特殊景点（图 5-27）。

此外，思溪古镇的“千年杵”让人们自然而然地想到了古代人们生活的场景，作为旅游景点更加烘托了历史街区的风貌（图 5-28）。

（5）建筑的保护与更新模式

对建筑物的改造可采取五种措施：保存、保护、暂留、整饰、更新。这五种方式针对的对象不同，采取的措施也不同。保护与更新规划本着保护传统空间格局，充分考虑现状和可操作性的原则，对历史街区的所有建筑物实行分级保护与更新模式。

保存指保持历史原状，以如实反映历史遗存。对历史街区内的文物景观以及建筑质量和建筑风貌都较好的建筑物与建筑群，应当采取保存的方式，只对个别构件加以更换和修缮，修旧如旧，并同时保证其内外部风貌都具有真实性。

保护指保持原有建筑结构不动，仅对局部进行修缮改造；在保护其建筑的格局和风貌、治理外部环境、修旧如故的同时，重点对建筑内部加

图 5-26　思溪古镇古井

图 5-27　“龙虎斗”石碑

图 5-28　千年杵

以调整改造，配备市政设施，改善居民的生活质量。

暂留指由于历史街区为了适应现代生活而兴建的建筑，质量较好，如果与环境没有很大的冲突，采取暂时保留的态度，维持现状。并对其未来的粉刷和外立面装修提出要求。暂留只是作为一种过渡模式，远期将采取拆除、改造与逐步淘汰的办法。

整饰指对位于重点地段的少数新建的、质量较好、近期难以拆除但风貌较差、尺度较大、高度过高的新建建筑，采取外立面整饰、层数削减的措施，使其与传统风貌相协调。

更新指对位于需整治地段的一些对传统风貌影响较大的建筑采取拆除的措施，规划为开放空间或进行重新设计、另外建造，更新还包括拆除各种危棚简屋，不再进行新建筑的建设。

①案例一：古北口保护性规划

在古北口的保护性规划中，根据当地建筑的具体情况，对规划区内的现有建筑采取了以下措施进行保护与更新：

a. 保存：均为文物保护单位，如该保护区内的药王庙、财神庙、令公庙，对此应原样保存，只能进行保护和修缮，不得作任何改造。

b. 保护：均为具有较高历史价值的传统建筑，如该保护区内的李家大院，对比可参照保护文物保护单位的相关办法和法规进行修缮保护，并尽可能维持原貌。

c. 改善：为具有历史信息的建筑，分两种情况。第一是建筑质量较差的建筑，所占比例较大。此类建筑应及时改善建筑维护结构和设施条件，在改善其使用条件的同时，为传统元素提供良好的依附载体，确保它们的不被遗失、损毁。第二种情况是利用原有建筑构件翻建的建筑，质量较好，所占比例较小。此类建筑可基本维持现状，同时制定相关法规，确保建筑中的历史构建和元素不受损坏或挪作他用。

d. 保留：为与保护区传统风貌比较协调的建筑，结合翻建或重建进行有机更新的方式。在更新过程中，应参考本地区常用的材料和做法进行建设，保持和延续传统风貌。

e. 更新：这类建筑不利于形成历史文化保护区应有的外围风貌与景观。因此，对其中那些规模不大，重要性不高的建筑（如沿街的小商铺）近期应予以拆除。对于那些规模相对较大，虽有一定重要性但与传统风貌极不协调的建筑，近期不能拆除的，应该对建筑外部作适当的整饰，以减少其视觉上的破坏作用。远期应适时予以更新拆除（图 5-29）。

②案例二：石浦镇保护规划

在石浦镇历史街区的规划中，对建筑风貌的调查，建筑类型基本分为三类（图 5-30）：

甲类：具有典型历史风貌的建筑，多为清末民国时期建筑，以木结构、灰瓦、白墙、坡顶为典型特征，其中多为二层建筑。

乙类：与传统风貌建筑基本协调，砖混结构、水泥或砖石外墙，有相当多的细部，二至三层居多，以五六十年代建筑为主。

丙类：建筑体量大，现代材料装饰，外观粗糙，色彩完全与老城区传统风貌不协调的建筑，多为近期修建。

对建筑的保护与更新方式的确定是根据建筑的质量、风貌、层数以及建筑所处的不同地段的要求而进行的，分保存、保护、整饰、更新四个类别（图 5-31）。

a. 保存：对建筑风貌甲类，建筑质量好或中的历史建筑采取保存的措施。

b. 保护：对建筑风貌乙类，建筑质量中类的历史建筑实施修缮和恢复。

c. 整饰：对于建筑风貌较差，质量较好三层（含三层以下）的近现代建筑实施改观。

红色为保存类建筑
棕色为保护类建筑
粉色为改善类建筑
紫色为保留类建筑
蓝色为更新类建筑

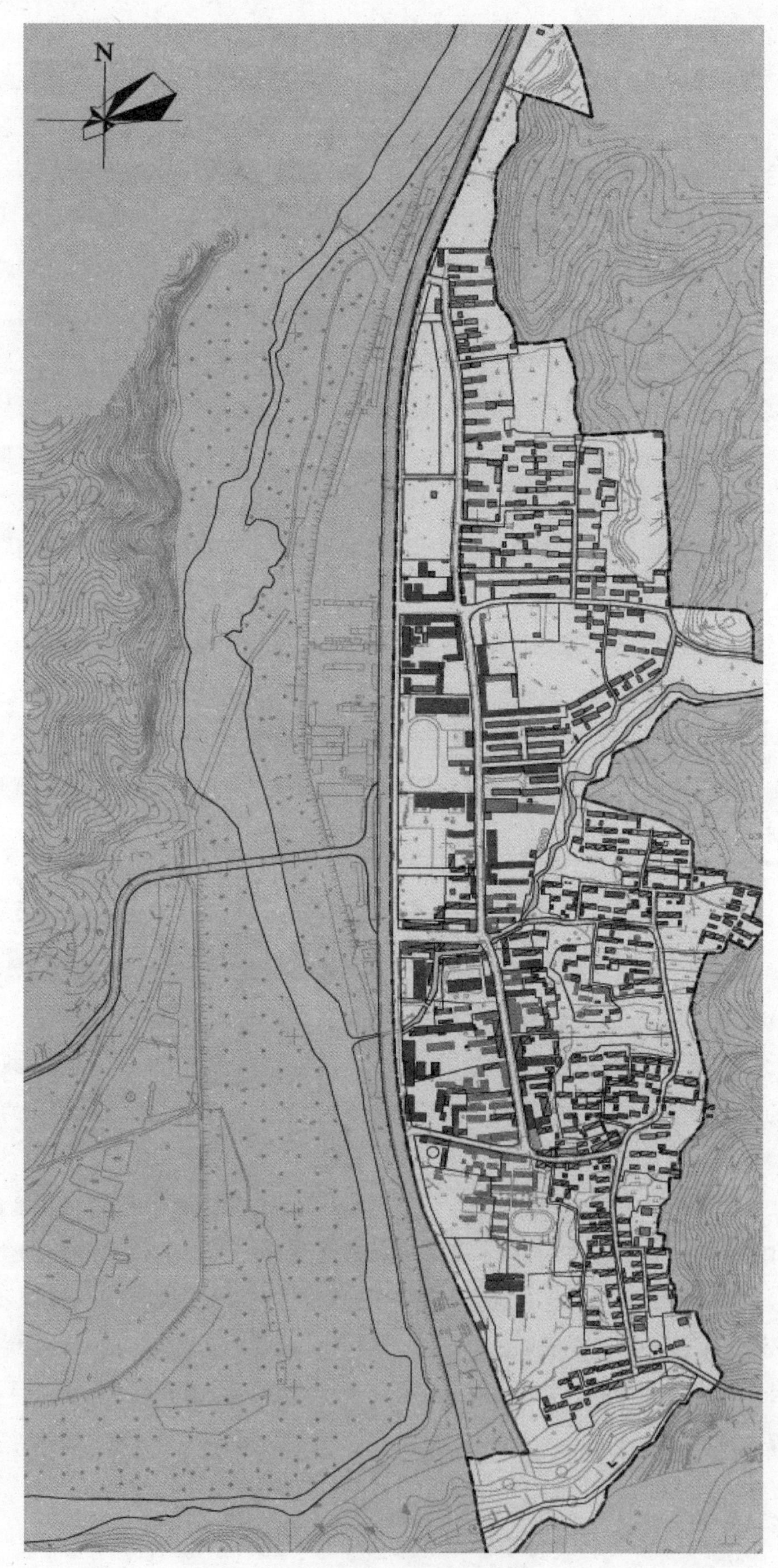

图 5-29　古北口保护规划示意图

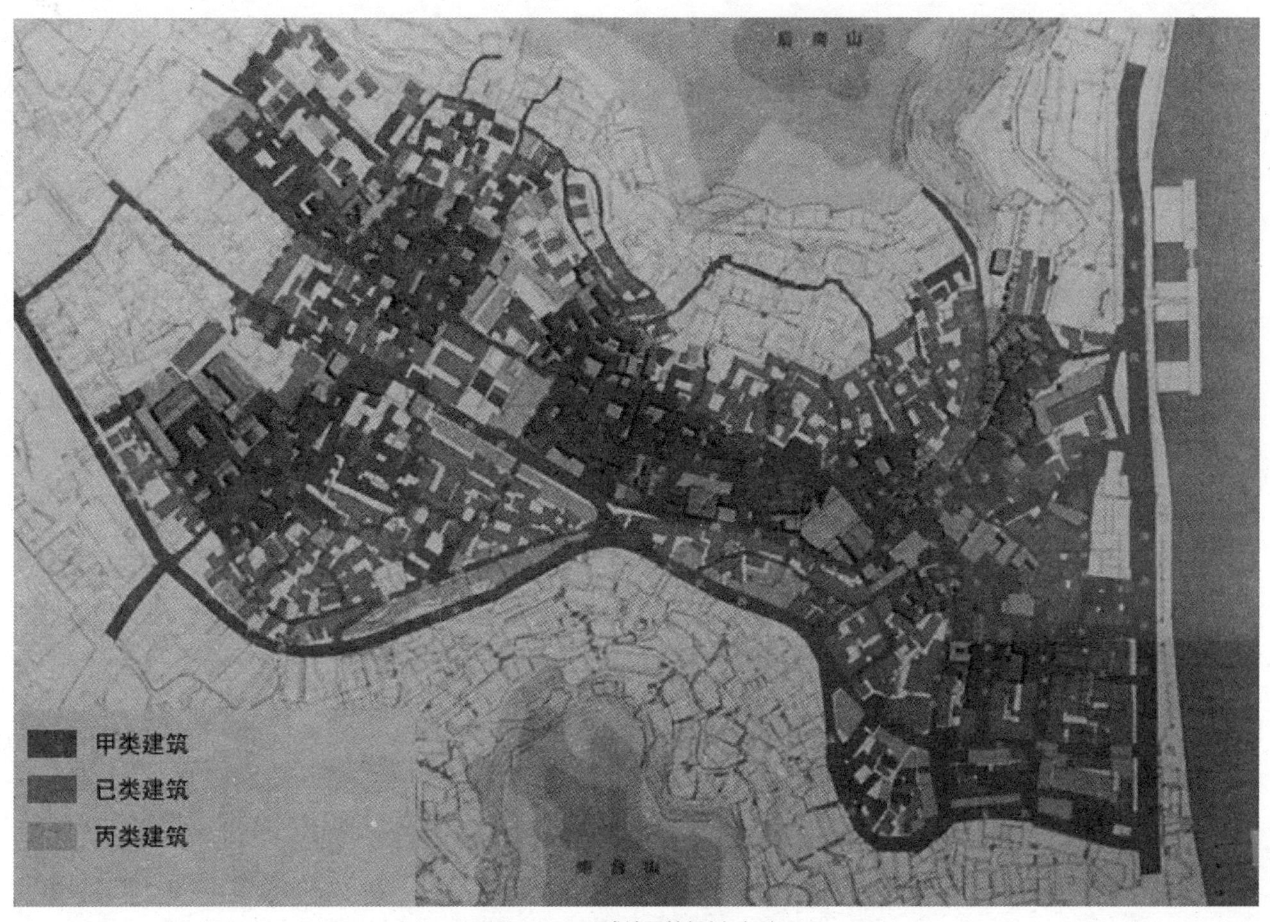

图 5–30　石浦镇保护规划（一）

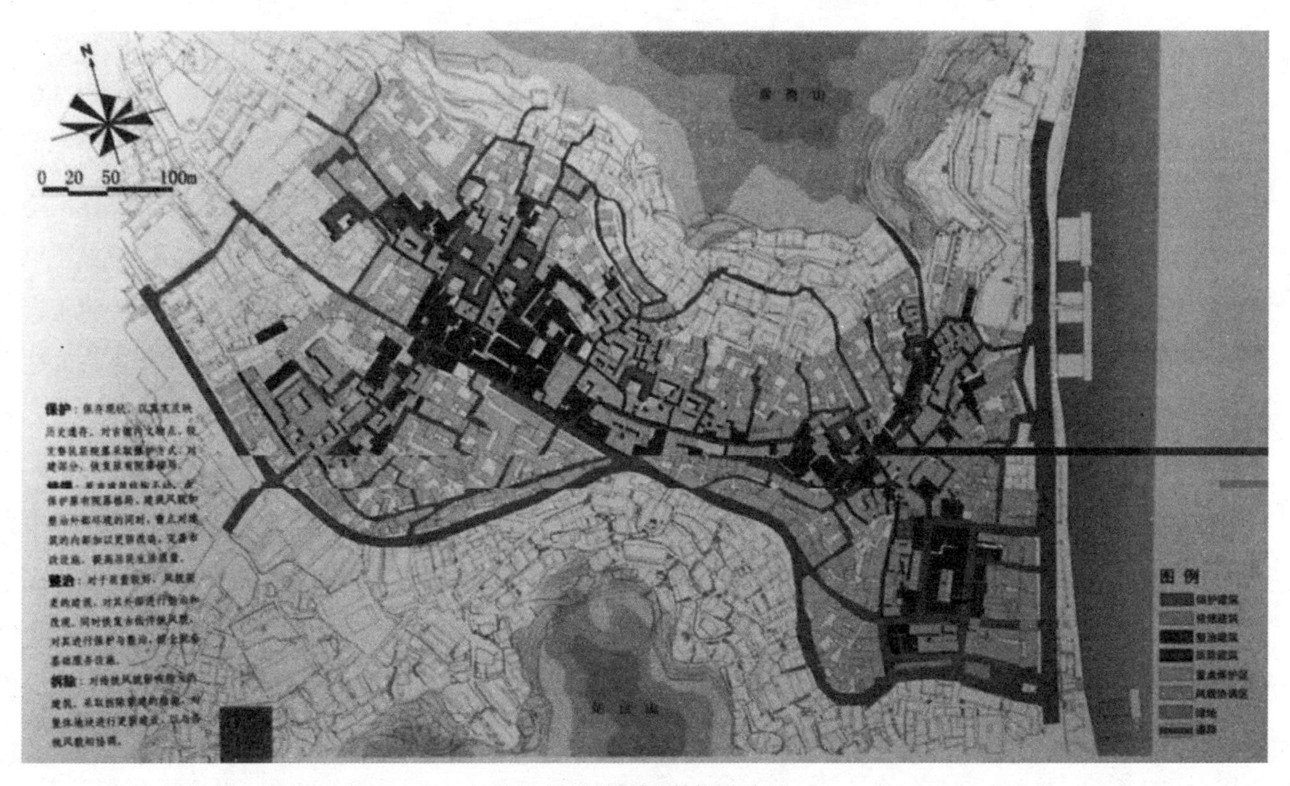

图 5–31　石浦镇保护规划（二）

d. 更新：对传统风貌影响较大并难以通过改观进行协调的现代建筑进行拆除。根据这些建筑形式、体量和位置的重要性，采取拆除重建的措施，对整体地块进行更新建设，以与传统风貌相协调。

5.3.2 历史文化街区的保护与更新的几种实践模式

综观我国历史文化街区这些年的保护与更新的时间来看，由于不同的地方特色，其保护与更新的方式存在着几种明显的模式，下面就一些比较有代表性的模式进行说明。分别为：上海的“新天地”模式；桐乡的“乌镇”模式；北京的“南池子”模式；苏州的“桐芳巷”模式和福州的“三坊七巷”模式。

（1）上海“新天地”模式

“新天地”位于上海卢湾区东北角的太平桥地区，紧靠淮海中路、西藏路等商业街，区位条件优越。区内有国家重点保护单位“中共一大会址”和许多建于上世纪初的典型的上海石库门里弄建筑，在建设高度、建筑形式和保护方面都有一定的要求。

“新天地”模式的改造方式是“存表去里”，即对有历史价值的老建筑进行维护和修缮，保留其原有的建筑外观，而内部则进行全新改造，以满足现代化的功能需求，把建筑原来的居住功能转变成商业经营功能，把整片区域变成了一个集商业、文化、娱乐、购物的现代化场所。如拆除一部分老房子，开辟绿地和水塘，美化环境。经过一番整治，这些老房子里面的设施都已经现代化了，外边的风貌却还保持着老样子，里弄的街巷情趣还在，传统的氛围也得以保持。

“新天地”地段及其连带的周围的很多地块都是采用土地全部转让的方式，虽然耗资巨大，开发运作基本是亏本的，但是它的开发建设带动了整个区域及周边的环境品质提升和经济的发展。据开发商瑞安集团称：在“新大地”这块土地上，瑞安集团在从地产运作上是亏本的。地段内建筑投资达 2.5 万元 /m^2，其中土地的成本达 1.5 ~ 1.8 万元 /m^2。从这些房子的出售和出租中，也并没有收回投入的钱。但是“新天地”的成功开发吸引了许多人前来购物、休闲、过夜生活，把这里变成为了人群高密集和环境高品质地区，带动了周边地价的全面涨价，由此保证了开发商的高回报率。

上海“新天地”里弄改造是保留传统形式、改变原有功能的代表性实例。其在尊重历史和建筑文脉的基础上保留外观、更新内部设施的手法值得我们研究和借鉴。但是从历史文化遗产的保护来讲，有其缺陷性。

（2）桐乡的“乌镇”模式

乌镇是坐落在杭嘉湖平原上的一个江南水乡小镇，是著名文学家茅盾的故乡。地处江南河网交错地带，交通不便，战争和新中国成立后的破坏性建设对其影响不大，其古镇风貌得以比较完善地保存了下来。如今，乌镇已经成为沪杭黄金旅游线上的一个热点。

乌镇的保护与更新采用的是“修旧如旧”的方式，由桐乡市政府直接领导下的乌镇旅游开发公司全权负责管理与实施。所谓“修旧如旧”，就是尽量要让乌镇的建筑面貌回复到 100 年前的模样，力求保持乌镇作为江南水乡古镇的原生态面貌，综合环境治理，使其满足现代生活和旅游的需求，打造一个具江南特色的旅游水乡小镇。根据这个思路和原则，乌镇使用一些古旧建筑材料对环境进行装贴：狭窄的街道上，一律是古旧的青石板；街道两边的房屋立面全部贴上了长条门板。这使得古镇保持了原有的古香古色，整体风貌和谐统一，突出了其地域特色。其他一些江南古镇如周庄、南浔、同里等也是采用了同样的保护方法。目前，以乌镇为代表的江南六镇在保护古镇方面的实践赢得了联合国教科文组织和有关专家的高度赞扬，慕名而来的游客也带来了丰富的商机和发展潜力。

从土地开发管理的角度看，由于是由政府下属的开发公司全权负责开发与管理，从而保证了不会出现以现代商品房开发或者是大型商业性开发的大规模土地重建。这种“修旧如旧”的保护方法决定了不可能出现大拆大建的现象。到目前为止，这种方法主要是对其内部一些不适应保护或旅游需求的一些建筑进行了拆迁，或予以重建，或恢复一些古迹建筑，或留作绿地空间。对于大部分的建筑还是采取修缮为主，除部分拆迁建筑和政府收购的重点建筑的土地外，大部分建筑的土地权属未作改变。

（3）北京的“南池子”模式

从2003年开始，北京市有关部门就在南池子普渡寺地段进行了历史文化保护区保护与更新的试点。这个试点是按照《北京旧城二十五片历史文化保护区规划》的有关规划实施，确定了“整体保护、合理并存、适度更新、延续文脉、整治环境、调整功能、改善市政、梳理交通”的修缮原则，具体的方式就是尽最大限度地保存较好的四合院和可以修好的四合院，从而保护好“四合院”这种北京历史传统建筑形式的真实性，并传达它所体现的人文生活，空间形象、场所精神等信息。整个南池子改造面积约6.39万㎡，一共盖起和修缮了103个院落，其中31个要按照磨砖对缝这种传统老工艺原汁原味修复，尤其是一些四合院还采用了全木的结构，没有用一颗钉子，全部是卯榫结构连接。在103个院落中，31个院落为保留院落，49个新建复式院落既保留了京味传统又改善了居住条件，9条胡同连同原来的名字也都保留，新开3条胡同满足了现代交通的需要。

同时其改造后0.63的低容积率也是对旧城改造和四合院保留方式的有益探索。南池子工程地段内原有1076户居民，原户均住房水平为26.84m^2，回迁安置了300户后，户均面积为69m^2，定向回迁安置到芍药居经济适用房的户均面积达到了82m^2。货币安置居民户均补偿29.5万元。对于一些特别困难的家庭，有关部门也对他们进行了妥善的安置。通过改造修缮之后，适度疏散了人口密度，较大的改善了居民的居住水平。同时，为了最大限度的回迁居民，在局部进行了一些复式“四合楼”的尝试。

据有关部门测算，南池子修缮改建工程的各项支出为3.01亿元，但东城区政府坚持政府牵头、群众参与的方式，成立了由区政府主要领导和政府有关部门组成的试点工程指挥部，并确定由负责东城区公有房屋管理的事业单位房地经营中心具体组织实施，而没有让房地产开发商参与，这保证了社会综合效益的最大限度的实现，而且也没给政府带来经济负担，政府直接投入的资金为5200万元左右，而其余的2.49亿元则是通过部分转让土地和向居民售房等方式实现的。

在整个南池子区域改造中，政府采取了鼓励“以院落为单位的自我更新”的政策，即鼓励院落内的居民通过买卖方式实现产权明晰、人口外迁和居住条件改善。在《关于北京旧城历史文化保护区内房屋修缮和改建的有关规定（试行）》的文件里对此作了详细规定。比如规定第七条第2点：“多户合住以及拆除后重新规划建设院落中的居民，应根据规划条件协商确定留住或外迁。留住居民应对外迁居民给予补偿。留住居民采取集资合作或以院落（含相关院落）为单位组建合作社的形式实施改建”。第3至6点分别对保护区内不同类别的住房如自住私房、按标准租出租私房、直管公有住房、单位自管住房的修缮和改建做出了规定。在实际操作中，因房屋产权不同，买卖方式主要有两种：一是通过房管局交易所，私人之间进行自由买卖；一是通过房管局来置换。后者多为居民杂院，房子破旧，买方通过房管局将这些人搬迁出去，费用由投资人支付。交易是平等的，完全通过友好协商来解决，政府一般不参与，只是提供政策同时在规划上作些硬性规定。

南池子的历史文化保护改造虽然取得了不错的进步和发展，但是依然由于种种困难和原因，如由于北京四合院的产权归属现状复杂，具体实施起来很有难度，因此在整个过程中体现出对原有的历史文化保护的力度还是不够，原有的具有特色的老建筑拆迁过多，现代的商用房比例偏高。任何事情的发展总是不可能完美，但是南池子的这种小规模的历史文化保护与自我更新的方式还是值得借鉴和推广的。

（4）福州的“三坊七巷”模式

1994年港商看中了福州三坊七巷地段准备进行大规模的房地产开发，规划设计方案除了留下几栋保护建筑外，其余全部拆掉建高层住宅和商业楼。当时虽经许多学者的劝阻呼吁，仍然不能阻止工程的上马。一坊两巷被拆除后建了一圈高层建筑，由于缺少资金只盖了八层。但是，三坊七巷地段变成了不伦不类的街区，充满福州历史风貌的“三坊七巷”成了历史名词。类似的例子还有发生在1999年的定海老街拆旧建新事件等。

福州“三坊七巷”的这种模式的着眼点完全在于大规模商业性开发以及其带来的经济利益。在主要领导干部的意愿下，城市规划与保护规划对其根本没有约束力。从土地开发管理的角度看，政府是以“危改”名义采取土地划拨并给予优惠的政策，对土地使用的性质及建筑高度、使用强度等的规划控制如同虚设，这对历史文化保护区的保护而言无疑是一个灾难。

（5）苏州的“桐芳巷”模式

1992年，苏州以桐芳巷地段作为历史街区保护与更新的试点，实施了全面改造建设。桐芳巷位于古典园林狮子林南部，面积约3.6万㎡。该地段采用了土地全部出让，商品房开发的模式。除保留一栋质量较好的老建筑外，其余均拆除新建。在建筑风貌设计上强调“再现和延续”古城风貌特色，采用了一些具有苏州地方特色的建筑符号，道路系统在保留了原有“街——巷——弄”的传统街区格局的基础上适当拓宽打通，新建建筑和小区空间结构从风格和尺度上接近苏州传统，整个小区的风貌与古城整体风貌基本协调。

桐芳巷地段的建筑大都采用了独立和半独立式小住宅，以求得新建筑在体量、风格和空间上与传统特色协调。但是昂贵的价格，使得居民的回迁成了一句空话，原有的社区网络遭到破坏，目前居住的大多是外来的富人。此后，苏州的其他一些街区也大都按“桐芳巷”模式进行改造更新，如狮林苑小区、佳安别苑等。所不同的是，此后的街区更新更多地采用了现代小区规划的基本理念与传统形式的结合，即以现代多层公寓式住宅配以传统风格的外表装饰，借此与苏州古城传统风貌相协调，同时居民回迁率有所提高。然而，这种商业性开发模式必然带来整齐划一的建筑布局和宽敞的道路结构，继承传统也变成了对城市传统特色的简单模仿。

从下表5-1可以看出，显然以乌镇为代表的江南六镇保护更新模式和北京的南池子保护更新模式是相对科学的，更符合我国城镇历史文化保护区保护与更新的发展方向。这两种模式的共同特点在于：坚持政府主导的渐进式保护更新，坚持保护的原真性原则，在最大程度上保持了原社区网络的稳定，坚持居民参与的原则，坚持土地的非商业性开发原则。

5.3.3 城镇化背景下历史文化街区的发展前景

（1）旅游开发是历史街区保护与更新的途径之一

城镇的历史街区是传统城镇最富于生活气息，最能展现城镇历史风貌的地段，具有极高的历史认知、情感寄托、审美欣赏、生态环境和利用价值。随着人居环境的恶化，竞争的加剧，居住在人口密集、污染严重及城市化程度提高，人们越来越的人向往人烟稀少、空气清新的自然山水和田园风光。城镇的历史街区无论其布局、构成还是单栋建筑的空间、结构和材料等，无不体现着因地制宜、就地取材和因

表 5-1 历史街区（历史文化保护区）保护更新模式的分析

模式	三坊七街	桐芳巷	新天地	乌镇	南池子
土地出让程度	除文物建筑用地外其余全部出让	全部出让	全部出让	小部分出让（非商业性）	小部分出让（非商业性）
改造前后风貌协调程度	不协调	基本协调	协调	协调	协调
商业性开发程度	强	强	强	弱	弱
参与改造的主体	房地产开发商、政府部门及其官员	房地产开发商、政府部门及其官员	房地产开发商、政府部门及其官员	社区居民、政府部门及合适组织	社区居民、政府部门及合适组织
参与者之间的关系	房地产开发商与政府部门及规划设计部门之间进行协商后要求居民服从	房地产开发商与政府部门及规划设计部门之间进行协商后要求居民服从	房地产开发商与政府部门及规划设计部门之间进行协商后要求居民服从	政府部门主导，社区组织及居民内部协商，设计人员提供技术支持	政府部门主导，社区组织及居民内部协商，设计人员提供技术支持
搬迁问题	搬迁所有原居民	搬迁所有原居民	搬迁所有原居民	少量居民经内部协商后搬迁	少量居民经内部协商后搬迁
技术与材料	工业化生产、流行性材料、倾向清除与新建	工业化生产、流行性材料、倾向清除与新建	传统的新的地方性材料、适当技术、保护、整治与改造相结合	传统的新的地方性材料、适当技术、保护、整治与改造相结合	传统的新的地方性材料、适当技术、保护、整治与改造相结合
保护整治或开发方式	除保留部分保护建筑外全部拆掉建高层建筑	除保留一栋保护建筑外全部拆掉重建具有传统风貌的新建筑	保存文物建筑，保留并修缮老建筑的外表，室内现代装修	对大部分建筑采用保存、保护、整治、修缮的方式	保留并修缮大量质量及风貌较好的四合院，对危旧房拆掉重建

材施工的思想，体现出历史街区生态、形态、情态的有机统一。如安徽省歙县宏村、江苏省周庄等都是历史形态突出的城镇。历史街区的这些特点正适应了休闲旅游的市场需要，并且通过与农业观光游、生态游相结合，成为更丰富多彩的旅游产品。在现阶段社会经济发展的条件下，在有条件的历史街区中适度发展旅游业成为历史街区长久生存与发展的有效途径。

（2）历史街区旅游开发的方式

在历史街区旅游开发过程中，针对不同现状、类型、特点的历史街区，必然会采取不同的方式，绍兴东浦镇是依托民俗文化发展街区旅游的实例。

绍兴是我国具有水乡特色的历史文化名城之一，历史悠久，人杰地灵。东浦是典型的江南集镇，河道纵横，湖泊星布，具有“水乡”“桥乡”之称。难能可贵的是，在城镇的飞速发展中，由于开发者的远见卓识，将新区与老区分开发展，使得东浦老街上越风独存的建筑群得到保护。但是，这些历史街区已不能适应现代生活的需要，日益衰落。为突出特色，发展城镇，镇政府决定把东浦发展为“以酿酒为特色的民俗文化旅游城镇”。东浦镇的核心就是东浦水街。

针对保护良好的东浦，要保护其水陆相间的格局，小桥、流水、人家的城镇景观，淡雅、相互的传统民居，以酒文化为代表的丰富的地方特色文化。规划仅仅对于交通流线和房屋立面进行整修，并适当增加一些基础设施。

水街开发的指导思想定为：以人为主体，寻找人与自然的结合；以酒为代表，寻求历史文脉的延伸；以水为载体，求得民俗风情的融合，使古镇既能体现水乡风情，又能反映桥文化、茶文化、酒文化内涵的民俗特色（图 5-32 ～图 5-43）。

水街改造具体措施如下：

1）依托水乡整体风貌，突出自身特色，提高文化内涵。

结合当地实际，建设别具一格的酒文化街。东浦“酒乡”的历史背景是其有别于其他水乡小镇的突出特点，而 21 世纪的旅游热点是文化旅游，因此，把弘扬“酒文化”作为古镇开发的基础。将东浦水街划分为民俗生活展示区，酒肆百业展销区和酒文化展示区（图 5-44），开发具有民族、地方特色的民俗文化旅游。

图 5–32 改造前水街（一）

图 5–33 改造后水街（一）

图 5–34 改造前水街（二）

图 5–35 改造后水街（二）

图 5–36 改造前水街（三）

图 5–37 改造后水街（三）

图 5–38 改造前水街（四）

图 5–39 改造后水街（四）

图 5–40 改造前水街（五）

图 5–41 改造后水街（五）

图 5–42 改造前水街（六）

图 5–43 改造后水街（六）

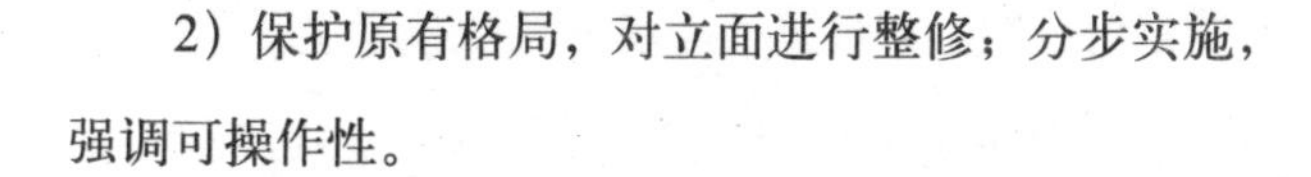

2）保护原有格局，对立面进行整修；分步实施，强调可操作性。

规划以整修、改建为主。对沿河的酒肆百业区和民俗生活展示区的民居进行立面整修，包括立面色彩统一、材质统一、窗户风格统一等；对 20 世纪 60 ～ 70 年代建造的一些结构和质量均好，但立面呆板的建筑，保留原有结构，进行必要的改建，包括加檐廊或做挑楼，并在街道较宽的地段的檐廊中恢复“美人靠”坐椅。充分注意近期开发与远期规划相结合，现状保护与开发利用相结合，注重方案的可操作性（图 5-45、图 5-46）。

3）积极鼓励居民参与，完善旅游设施，同时适当增加内容以适应旅游发展需要。

通过入户调查发现，当地居民对水街的开发非常支持，并愿意继续在水街经商和生活。因此，在开发过程中应尽可能地取得当地居民的支持。同时增加

图 5–44 东浦酒文化街入口

一些必要的旅游设施，如宾馆、特色酒楼、茶博物馆、酒文化陈列、戏台等，丰富旅游内容。

（3）历史街区开发应注意的问题

历史街区在保护中开发，在开发中保护这是处理开发与保护之间一条最基本的要求。同时，对于历史街区的旅游开发应注意以下几点：

图 5-45 水街改造立面图（一）

图 5-46 水街改造立面图（二）

历史街区不同于现代化的中小城市，它的商业、住宿等接待设施本来就不发达，如仅仅为满足游客不断增长的需要，而增加建设，那么街区也就变成一个旅游商住区，旅游开发也仅仅只是旅游房地产开发。旅游开发必须要确定和控制好一个合理的环境容量，这个容量既能使游客感到满意的旅游经历，又不要对当地资源环境产生影响，同时不要影响当地居民的生产生活。

历史街区的保护不应仅仅通过旅游开发来增加经济收入，还应考虑其他方式，而最终的目的是使当地居民能长久安居，自然生活下去。

历史街区作为旅游资源具有不可再生性，一旦街区环境质量受到破坏，这些资源就不可能再生。有人以为旅游开发是低成本行业，他们只看到吃、住、行等物质方面的低成本，而忽视了旅游资源损耗后不可再生的高成本。

应有专门的机构根据环境容量来控制“吃、住、行、游、购、娱”的商业规模，使之保存在一个适度的范围。这样，即使现在的利润少一些，但细水长流，也易获得长久持续的回报。

对于尚未进行或即将进行旅游开发的历史街区，应多吸收已有的经验和教训，多方考虑和听取意见，制订出符合地区特点的开发方案。

对于旅游开发过度的街区，应对旅游景区重新加以审视，重新规划开发新的带有互补性的旅游产品，其余旅游产品该删除的删除，该恢复的恢复。

传统街区的旅游开发具有巨大的潜力，在一定程度上能够振兴地段的经济，但一定要从体制上规划好、引导好，做到发挥使用功能的同时保持活力、促进发展。

附录：城镇街道广场实例

1 历史文化街道规划设计实例

2 历史文化街区保护与规划实例

3 城镇广场规划设计实例

4 城镇街道规划设计实例

（提取码：p556）

参考文献

[1] 梁雪．传统村镇环境设计 [M]．天津：天津大学出版社，2001.

[2] 彭一刚．传统村镇环境设计聚落景观分析 [M]．北京：中国建筑工业出版社，1994.

[3] 魏挹澧，等．湘西城镇与风土建筑 [M]．天津：天津大学出版社，1995.

[4] 毛刚．生态视野：西南高海拔山区聚落与建筑 [M]．南京：东南大学出版社，2003.

[5] 段进，季松，王海宁．城镇空间解析：太湖流域古镇空间结构与形态 [M]．北京：中国建筑工业出版社，2002.

[6] 白德懋．城市空间环境设计 [M]．北京：中国建筑工业出版社，2002.

[7] 洪亮平．城市设计历程 [M]．北京：中国建筑工业出版社，2002.

[8] 仲德昆，等．小城镇的建筑空间与环境 [M]．天津：天津科学技术出版社，1993.

[9] 冯炜，李开然．现代景观设计教程 [M]．杭州：中国美术学院出版社，2002.

[10] 刘永德，等　建筑外环境设计 [M]．北京：中国建筑工业出版社，1996.

[11] 郑宏．环境景观设计 [M]．北京：中国建筑工业出版社，1999.

[12] 夏祖华，黄伟康．城市空间设计 [M]．第 2 版．南京：东南大学出版社，1992.

[13] 吕正华，马青．街道环境景观设计 [M]．沈阳：辽宁科学技术出版社，2000.

[14] 王建国．城市设计 [M]．南京：东南大学出版社，1999.

[15] 金俊．理想景观——城市景观空间系统建构与整合设计 [M]．南京：东南大学出版社，2003.

[16] 周岚．城市空间美学 [M]．南京：东南大学出版社，2001.

[17] 梁雪，肖连望．城市空间设计 [M]．天津：天津大学出版社，2000.

[18] 王晓燕．城市夜景观规划与设计 [M]．南京：东南大学出版社，2000.

[19] 克利夫・芒福汀．街道和广场 [M]．北京：中国建筑工业出版社，2004.

[20] 李道增．环境行为学概论 [M]．北京：清华大学出版社，1999.

[21] 金广君．图解城市设计 [M]．哈尔滨：黑龙江科学技术出版社，1999.

[22] 李雄飞，赵亚翘，王悦，等．国外城市中心商业区与步行街 [M]．天津：天津大学出版社，1990.

[23] 芦原义信．外部空间设计 [M]．第 2 版．尹培桐译．北京：中国建筑工业出版社，1988.

[24] 扬・盖尔，拉尔斯・吉姆松．新城市空间 [M]．第 2 版．何人可，张卫，邱灿红译．北京：中国建筑工业出版社，2003.

[25] 熊广忠．城市道路美学——城市道路景观与环境设计 [M]．北京：中国建筑工业出版社，1990.

[26] 俞孔坚，李迪华．城市景观之路——与市长们交流 [M]．北京：中国建筑工业出版社，2003.

[27] 迟译宽著．城市风貌设计 [M]．郝慎钧译．天津：天津大学出版社，1989.

[28] 黄海静，陈纲．山地住区街道活力的可持续性——重庆北碚黄角枫镇规划构思 [J]．城市规划，2000（5）.

[29] 张玉坤，郭小辉，李严，等．激发乡土活力　创建名城新姿——蓬莱市西关路旧街区改造设计方案 [J]．小城镇建设，2003.

[30] 单德启，王心邑．“历史碎片”的现代包容——安徽省池州孝肃街“历史风貌”的保护与更新 [J]．小城镇建设，2004.

[31] 陈颖. 川西廊坊式街市探析 [J]. 华中建筑，1996.
[32] 传统水乡城镇结构形态特征及圆形要素的回归 [J]. 城市规划会刊，2000.
[33] 金广君. 城市街道墙探析 [J]. 城市规划，1991.
[34] 金广君. 城市商业区的空间界面 [J]. 新建筑. 1991.
[35] 赵强. 再奏街巷的“乐章”——重庆现代街巷界面“凹凸”空间营造浅析 [J]. 小城镇建设，2003.
[36] 美国格兰特. W. 里德. 园林景观设计：从概念到形式 [M]. 北京：中国建筑工业出版社. 2004.
[37] 王锐. 山城特色的街道空间——重庆原生街道空间浅析 [J]. 小城镇建设，2001.
[38] 李琛. 侨乡小城镇近代骑楼保护对策探讨 [J]. 小城镇建设，2003.
[39] 任祖华，张欣，任妍. 英国的鹿港小镇 [J]. 小城镇建设，2003.
[40] 画报社编辑部. 城市景观 [M]. 付瑶，毛兵，高子阳，等译. 沈阳：辽宁科学技术出版社，2003.
[41] 维勒格 . 德国景观设计 [M]. 苏柳梅译. 沈阳：辽宁科学技术出版社，2001.
[42] 宛素春，张建，李艾芳. 丰富城市肌理活跃城市空间 [J]. 北京规划建设，2003.
[43] LUCCA ART AND HISTORY. ITALIA：CASA EDITRICE PLURIGRAF'，1997.
[44] 骆中钊，刘泉金. 破土而出的瑰丽家园 [M]. 福州：海潮摄影艺术出版社，2003.
[45] 王骏，王林. 历史街区的持续整治 [J]. 城市规划汇刊，1997.
[46] 彭建东，陈怡. 历史街区的保护与开发模式研究 [J]. 武汉大学学报（工学版），36（6）.
[47] 阮仪三，范利. 南京高淳淳溪镇老街历史街区的保护规划 [J]. 现代城市研究，2002.
[48] 车震宇. 保护与旅游开发 [J]. 小城镇建设，2002.
[49] 刘艳. 城市老街区保护与更新的思索 [J]. 山西建筑，28（12）.
[50] 王景慧，阮仪三，王林. 历史文化名城保护理论与规划 [M]. 上海：同济大学出版社，1999.
[51] 单德启. 从传统民居到地区建筑 [M]. 北京：中国建材工业出版社，2004.
[52] 王晓阳，赵之枫. 传统乡土聚落的旅游转型 [J]. 建筑学报，2001.
[53] 单德启，郁枫. 传统小城镇保护与发展议 [J]. 建筑科技，2003.
[54] 赵之枫，张建，骆中钊 . 小城镇街道和广场设计 [M]. 北京：化学工业出版社，2005.
[55] 胡长龙 . 园林景观手绘表现技法 [M]. 北京：机械工业出版社，2010.
[56] S.E. 拉斯姆森 . 建筑体验 [M]. 刘亚芬译. 北京：知识产权出版社，2003.
[57] 芦原义信 . 外部空间设计 [M]. 尹培桐译. 北京：中国建筑工业出版社，1985.
[58] 扬•盖尔（JanGehl）. 交往与空间 [M]. 何人可译 . 北京：中国建筑工业出版社，2002.
[59] 克利夫•芒福汀（J.C.Moughtin）. 街道与广场 [M]. 张永刚，陆卫东译 . 北京：中国建筑工业出版社，2004.
[60] 简•雅各布斯（JanJacobs）. 美国大城市的死与生 [M]. 金衡山译 . 南京：译林出版社，2005.
[61] 凯文•林奇 . 城市意象 [M]. 方益萍，何晓军译 . 北京：华夏出版社，2001.
[62] 张勃，骆中钊，李松梅，等 . 小城镇街道与广场设计 [M]. 北京：化学工业出版社，2012.
[63] 骆中钊 . 中华建筑文化 [M]. 北京：中国城市出版社，2014.
[64] 骆中钊 . 乡村公园建设理念与实践 [M]. 北京：化学工业出版社，2014.

后　记

感恩

“起厝功，居厝福 ” 是泉州民间的古训，也是泉州建筑文化的核心精髓，是泉州人“大 精神，善行天下”文化修养的展现。

“起厝功，居厝福 ” 激励着泉州人刻苦钻研、精心建设，让广大群众获得安居，充分地展现了中华建筑和谐文化的崇高精神。

“起厝功，居厝福 ” 是以惠安崇武三匠（溪底大木匠、五峰石艺匠、官住泥瓦匠）为代表的泉州工匠，营造宜居故乡的高尚情怀。

“起厝功，居厝福 ”是泉州红砖古大厝，创造在中国民居建筑中独树一帜辉煌业绩的力量源泉。

“起厝功，居厝福 ”是永远铭记在我脑海中，坎坷耕耘苦修持的动力和毅力。在人生征程中，感恩故乡“起厝功，居厝福 ”的敦促。

感慨

建筑承载着丰富的历史文化，凝聚了人们的思想感情，体现了人与人、人与建筑、人与社会以及人与自然的关系。历史是根，文化是魂。每个地方蕴涵文化精、气、神的建筑，必然成为当地凝固的故乡魂。

我是一棵无名的野草，在改革开放的春光沐浴下，唤醒了对翠绿的企盼。

我是一个远方的游子，在乡土、乡情和乡音的乡思中，踏上了寻找可爱故乡的路程。

我是一块基础的用砖，在莺歌燕舞的大地上，愿为营造独特风貌的乡魂建筑埋在地里。

我是一支书画的毛笔，在美景天趣的自然里，愿做诗人画家塑造令人陶醉乡魂的工具。

感动

我，无比激动。因为在这里，留下了我走在乡间小路上的足迹。1999 年我以“生态旅游富农家”立意规划设计的福建龙岩洋畲村，终于由贫困变为较富裕，成为著名的社会主义新农村，我被授予“荣誉村民”。

我，热泪盈眶。因为在这里，留存了我踏平坎坷成大道的路碑。1999 年，以我历经近一年多创作的泰宁状元街为建筑风貌基调，形成具有“杉城明韵”乡魂的泰宁建筑风貌闻名遐迩，成为福建省城镇建设的风范，我被授予“荣誉市民”。

我，心花怒发。因为在这里，留住了我战胜病魔勇开拓的记载。我历经十个月潜心研究创作的时代畲寮，终于在壬辰端午时节呈现给畲族山哈们，安国寺村鞭炮齐鸣，众人欢腾迎接我这远方异族的亲人。

我，感慨万千。因为在这里，留载了我研究新农村建设的成果。面对福建省东南山国的优美自然环境，师法乡村园林，开拓性地提出了开发集山、水、田、人、文、宅为一体乡村公园的新创意，初见成效，得到业界专家学者和广大群众的支持。

我，感悟乡村。因为在这里，有着淳净的乡土气息、古朴的民情风俗、明媚的青翠山色和清澈的山泉溪流、秀丽的田园风光，可以获得乡土气息的“天趣”、重在参与的“乐趣”、老少皆宜的“谐趣”和净化心灵的“雅趣”。从而成为诱人的绿色产业，让处在钢筋混凝土高楼丛林包围、饱受热浪煎熬、呼吸尘土的城市人在饱览秀色山水的同时，吸够清新空气的负离子、享受明媚阳光的沐浴、痛饮甘甜的山泉水、脚踩松软的泥土香；感悟到“无限风光在乡村”！

我，深怀感恩。感谢恩师的教诲和很多专家学者的关心；感谢故乡广大群众和同行的支持；感谢众多亲朋好友的关切。特别感谢我太太张惠芳带病相伴和家人的支持，尤其是我孙女励志勤奋自觉苦修建筑学，给我和全家带来欣慰，也激励我老骥伏枥地坚持深入基层。

我，期待怒放。在“外来化”即“现代化”和浮躁心理的冲击下，杂乱无章的“千城一面，百镇同貌”四处泛滥。“人人都说家乡好。”人们寻找着“故乡在哪里？”呼唤着“敢问路在何方？”期待着展现传统文化精气神的乡魂建筑遍地怒放。

感想

唐代伟大诗人杜甫在《茅屋为秋风所破歌》中所曰：“安得广厦千万间，大庇天下寒士俱欢颜，风雨不动安如山！”的感情，毛泽东主席在《忆秦娥·娄山关》中所云：“雄关漫道真如铁，而今迈步从头越。从头越，苍山如海，残阳如血。”的奋斗精神，当促使我在新型城镇化的征程中坚持努力探索。

圆月璀璨故乡明，绚丽晚霞万里行。